JIUSHUI ZHISHI YU FUWU

教育部职业教育与成人教育司推荐教材
中等职业学校饭店服务与管理专业教学用书

国家旅游局人事劳动教育司 编

酒水知识与服务

旅游教育出版社
·北京·

责任编辑：果凤双

图书在版编目（CIP）数据

酒水知识与服务/国家旅游局人事劳动教育司编. —北京：旅游教育出版社，2004.10（2024.1 重印）

全国旅游中等职业教育教材

ISBN 978-7-5637-1217-5

Ⅰ.酒... Ⅱ.国... Ⅲ.①酒—基本知识—专业学校—教材②餐厅—商业服务—专业学校—教材 Ⅳ.①TS971②F719.3

中国版本图书馆 CIP 数据核字(2004)第 091567 号

全国旅游中等职业教育教材

酒水知识与服务

（第 2 版）

国家旅游局人事劳动教育司 编

出版单位	旅游教育出版社
地　　址	北京市朝阳区定福庄南里 1 号
邮　　编	100024
发行电话	(010)65778403 65728372 65767462(传真)
本社网址	www.tepcb.com
E-mail	tepfx@sohu.com
排版单位	北京旅教文化传播有限公司
印刷单位	北京虎彩文化传播有限公司
经销单位	新华书店
开　　本	787 毫米×1092 毫米 1/16
印　　张	10.5
字　　数	211 千字
版　　次	2017 年 4 月第 2 版
印　　次	2024 年 1 月第 3 次印刷
定　　价	19.00 元

（图书如有装订差错请与发行部联系）

出版说明

为适应旅游中等职业教育的需要，国家旅游局人事劳动教育司根据旅游中等职业学校的课程设置和教学大纲，组织业内专家编写了这套《全国旅游中等职业教育教材》。该教材自1994年出版以来，受到广大师生的普遍欢迎，对我国旅游中等职业教育的发展起了重要作用。迄今为止，该教材已成为出版时间最早、使用范围最广的国家旅游中等职业教育骨干教材。

为了进一步适应旅游专业的发展要求，提高教材质量，反映旅游业的最新发展状况和旅游职业教育研究的最新成果，我们组织有关专家根据教育部、国家旅游局对旅游职业教育的学科规划和行业要求，对该套教材进行了必要的修订增补，以确保国家骨干教材应有的科学性、先进性，充分反映国家职业教育改革的新精神、新要求，满足21世纪旅游业的人才需求。

此次修订，一是根据教育部与国家旅游局关于旅游中等职业教育的课程设置、教学大纲与教学计划，结合劳动部关于旅游职业技能鉴定标准的要求，吸收国外职业教育的成果与经验，按课程设置和课程标准的要求，对每科教材的课程性质、适用范围、教学重点、教学方法、教学时数、考核评估等进行了认真研究。新版教材正确把握了课程设置与教材编写的关系，从课程标准的角度把旅游业对人才的具体要求与旅游职业教育教材的具体编写有机结合起来，既体现了教材紧贴行业实际的针对性、实用性，又体现了教材的科学性、规范性，使可教授性与可学习性得到有机的统一，全面反映了现代职业教育教材应有的教育理念。二是在教材的具体修订中，我们根据旅游业的发展需要和旅游职业教育的课程设置与教学要求，组织有关专家编写增补了近年来旅游发展的行业新内容，使教材体系更完整、更科学。三是在保持原教材科学性、权威性的基础上，本次修订特别注意了中职学生的学科基础与未来职业要求，重点强调了教材的实用性。在原版教材科学性的基础上，本版教材强调了教与学、学与用的关系，加大了技能技巧、实际应对、操作标准、模拟训练等内容的比重，使之既能体现课程要求和行业特点，又符合国家职业技能标准的要求。四是在内容安排上，适当精简了部分内容，即将原版教材中既占课时又不便于教学的内容，或删减或置于附录，便于教师灵活运用和利于学生分清主次。五是针对旅游学科实践性强的特点，本版教材特别注意增补了一些案例，目的是强化案例教学的作用。最后，为方便教师教学和学生学习，还增设了学习重点、案例分析、本章小结、中英文对照规范服务用语等栏目，旨在让读者花最少的时间掌握最有用的信息。

为深入贯彻《中共中央国务院关于大力推进职业教育改革与发展的决定》中关于职业教育课程和教材建设的总体要求，进一步落实教育部等七部门《关于进一步加强职业教育工作的若干意见》，全面实施教育部《2003—2007年教育振兴行动计划》，按照教育部职业教育与成人教育司《关于制定2004—2007年职业教育教材开发编写计划》通知精神，我社对《全国旅游中等职业教育教材》进行了重新梳理，并向教育部职业教育与成人教育司申报了《2004—2007年职业教育教材开发编写计划》，旨在积极推进教材改革，开发和编写具有职业教育特色的教学改革试验教材。

教改试验教材将以学生为中心、以能力为本位、以就业为导向,全面推进素质教育,重点培养学生的职业能力,使学生获得继续学习的能力,能够考取相关技术等级证书或职业资格证书,为旅游业的繁荣和发展输送学以致用、爱岗敬业、脚踏实地的高素质劳动者。

教改试验教材将贯彻如下职业教育理念:

1.职业教育性。渗透职业道德和职业意识教育;体现就业导向,有助于学生树立正确的择业观;培养学生爱岗敬业、团队精神和创业精神;树立安全意识和环保意识。

2.内容先进性。注意用新观点、新思想来审视、阐述经典内容;适应经济社会发展和科技进步的需要,及时更新教学内容,反映新知识、新技术、新工艺、新方法。

3.教学适用性。教学内容符合专业培养目标和课程教学基本要求;取材合理,分量合适,符合"少而精"原则;深浅适度,符合学生的实际水平;与相邻课程相互衔接,避免不必要的交叉重复。

4.知识实用性。体现以职业能力为本位,以应用为核心,以"必需、够用"为度;紧密联系生活、生产实际;加强教学针对性,与相应的职业资格标准相互衔接。

5.结构合理性。教材的体系设计合理,循序渐进,符合学生心理特征和认知、技能养成规律;结构、体例新颖,有利于体现教师的主导性和学生的主体性;适应先进的教学方法和手段的运用。

6.使用灵活性。体现教学内容弹性化,教学要求层次化,教材结构模块化;有利于按需施教,因材施教。

目前,《全国旅游中等职业教育教材》已列入教育部职成司《2004—2007 年职业教育教材开发编写计划目录》,并成为教育部职业教育与成人教育司推荐教材,实现了行业教育与职业教育的平稳对接。

作为全国唯一的旅游教育出版社,我们有责任及时反映旅游业发展的新要求和旅游专业教育的新理念、新成果,把专业权威的教材奉献给广大读者。为此,我们将不断努力,回报广大师生和读者对我们的厚爱!

旅游教育出版社

目录

第1章 酒水概述

学习重点

- 了解酒的起源和发展历程
- 熟悉酿酒的工艺流程
- 掌握酒的分类方法

酒，可以说是大自然的神工之作，其醇香和魅力充盈着世界的每一个角落。酒，与世界历史文化密切相关，有着深刻的文化内涵，并形成一种特有的文化现象——世界酒文化。人类在地球上繁衍生息可追溯到500万年以前，而从被发现的化石来看，距今2000万年前，地球上就已经有野生葡萄存在了，而比这更早以前，微生物、野生孢子就已存在。野生葡萄和野生孢子两者的结合，就会酝酿出"原始的葡萄酒"。这表明，在人类文明发展的历史进程中，我们的祖先并不是发明了"酒"，而是发现了"酒"。

第一节 酒的起源和发展

酒常被人们赋予各种复杂的感情色彩：英勇豪壮、高贵圣洁、风流浪漫、吉庆祥和等。在西方，酒始终被认为是神圣和生命的化身。酒作为一种深刻的文化现象，在各个国家、地区、种族、民族都有着各不相同的内涵和象征。古今中外有许多的专家学者虽然致力于酒的考古、研究、继承和开发，却很难给酒下个完整全面的定义。

在这里，我们只能简单地说，酒是含有酒精（乙醇）的饮品，是一种以谷物、水果、花瓣、种子或其他含有丰富糖分、淀粉的植物，经糖化、发酵、蒸馏、陈酿等生产工艺而生产出来的含有食用酒精的饮品。

一、酒的起源

人类饮用含酒精的饮料的历史由来已久，但究竟起源于何时却是一个有趣而又复杂的问题。不过，有一点可以肯定，即原始的酒早在人类出现之前就已经有了。原始野生的孢子附着在成熟的野生谷物、果实上，经过原始的发酵作用，便酝酿成了成熟的酒液。然而，没有任何一部典籍曾明确记载发酵作用是如何被发现的，因此，关于酒的起源仅是限于种种假说，关于人类开始酿酒的历史也只能从考古发现中做出大致的推断。

中国古代就有"猿猴造酒"之说，欧洲亦有"鸟类衔食造酒于巢中"之说，人类正是从大自然的千变万化中获取了酿酒的灵感。对于酿酒之源的考证以及对酒神的崇拜，体现了世界酒文化的辉煌和人类对美好生活的向往。

（一）中国酒之源

1.公元前26世纪"三皇""五帝"说

根据中华古老医书《黄帝内经·素问》记载，早在公元前26世纪的黄帝时代我国就已经有了酒，而"醴酪"则成为早期酒的代名词。

2.公元前21世纪"仪狄作酒"之说

《战国策·魏策》中有较明确和详细的记载："昔者，帝女令仪狄作酒而美，进之禹，禹饮而甘之，遂疏仪狄，绝旨酒，曰：'后世必有以酒亡其国者'。"这说明在夏朝已有了酒，而且此时的酒已是味美而甘。同时禹还警示后人，滥饮无度会导致亡国。这表明中国早在夏朝就不但有了酒，而且人们对酒已有了较为深刻的认识。

3."杜康作酒"之说

古代先民往往将酿酒起源归功于某位神灵的发明，并把他视为酿酒业的鼻祖或酒神，世代供奉。"酒神属杜康，造酒有奇方；隔壁三家醉，开樽十里香"。在中国，人们把杜康尊称为酿酒的鼻祖。杜康做的酒实为秫酒，即高粱酒。为了纪念这位酿酒鼻祖，人们在相传为其作酒之地——河南的汝阳杜康村修建了酒祖殿，供奉其塑像，以弘扬中国传统的酒文化。

4.劳动人民创造说

酿酒不是出自某一个人的奇思妙想，而是劳动人民在长期的实践中总结出来的。事实证明，酿酒方法的发明，是一个极其漫长而复杂的积累过程。从古至今，劳动人民的辛勤劳动和智慧创造了灿烂的酒文化。

总之，我国人民酿酒的起源可推溯到5000年以前，随着生产的发展和烹调技术的进步，特别是农耕业的发展，人们从野生果实、谷物的自然发酵中得到启发，并掌握了酿酒的技术。

（二）西方酒之源

美索不达米亚平原被认为是世界酿酒技术和酒文化的重要发源地之一。美索不达米亚平原是由底格里斯河和幼发拉底河冲积而成的，其早期居民为苏美尔人。

1.西方谷酒之父——啤酒

早在公元前7000多年，苏美尔人的酿酒技术已经比较成熟，他们用大麦、小麦、黑麦等发酵制成原始的啤酒。公元前3000年以后，古埃及人便从苏美尔人那里学会了酿造啤酒的技术，并开始盛行饮用啤酒。当时古埃及人称啤酒为"海克""热喜姆"，通常称为麦酒。大约2000多年前，古罗马恺撒大帝率兵进入埃及亚历山大城后，军中的日耳曼人和罗马人将啤酒酿制技术带入欧洲。在以后漫长的岁月中，伴随着日耳曼人在欧洲大陆的纵横驰骋以及和欧洲各地土著居民的融合，使现在的德国成为世界上最著名的"啤酒王国"。

2.西方果酒之父——葡萄酒

葡萄树是人类最早种植的植物之一。在外高加索地区的土耳其、叙利亚、黎巴嫩的考古挖掘中，发现了约公元前8000年新石器时代的野生葡萄种子，并在叙利亚的大马士革发现了同时代的葡萄压榨器。这些情况表明，公元前8000年该地区已经有酿制葡萄酒的风气。因此，关于葡萄酒的起源地，可以较为肯定的是，位于黑海南部、横跨高加索的地区，特别外高加索地区最有可能是葡萄种植和葡萄酿酒的发源地。从那里，有关葡萄酒的文明延伸到地中海东部并传播至整个中东。葡萄酒文明从其起源到发展，始终活跃于欧亚大陆的交界地区，并奠定了葡萄酒文明在西方酒文化中的核心地位，它对西方历史、宗教、文化、艺术的发展产生了深远的影响。

3.西方酒神

西方公认的酒神是西方神话中的一位命运坎坷的神祇,他是众神之王宙斯与底比斯公主塞墨勒的儿子,但塞墨勒公主在酒神尚未出生之前,因遭天后挑拨而被宙斯用雷电触击致死,幸好宙斯将仍活着的胎儿从塞墨勒腹中取出,放进了自己的大腿中抚养,并生下了他。在古希腊神话中,酒神名为狄俄尼索斯(Dionysos),意为宙斯跛子,其形象为一娇弱裸体的男青年,容貌英俊美丽。而在某些戏剧、绘画等艺术作品中,酒神被刻画成放纵恣意的形象,常青藤的花冠,松果形的图尔索斯杖,坎撒洛斯双柄酒杯和葡萄是酒神最典型的形象特征。西方人对酒神十分崇拜,他们笃信狄俄尼索斯发现并向人们传授了栽种葡萄的技术,并酿成了葡萄美酒。因此,关于酒神祭典在西方的许多地区和国家盛行一时。比如在雅典酒神祭典期间,会在卫城南边的酒神剧院进行盛大的祭祀典礼和戏剧比赛。酒神堪称为西方文艺精神之典范,他象征了西方文化中自然、柔美、狂放的特质,而酒神祭典则开创了西方诗歌、戏剧、绘画等艺术形式的先河。

古埃及人则推崇奥西里斯(Osiris)为酒神,因为奥西里斯是死者的庇护神,酒可以用来祭祀先人,超度亡灵。约公元前2500年,葡萄酒在古埃及具有了宗教和政治的象征意义。

基督徒认为诺亚(Noah)是酿酒的始祖,在《创世纪》第九章中提及了诺亚登陆后,开垦了一片葡萄园,后来大获丰收,令诺亚兴奋不已,并亲自酿制成葡萄酒。因此,基督徒相信酿酒可以追溯到大洪水时代。

总之,由于原始的野生孢子和野生作物的发酵作用而产生了酒精,酒的历史要长于人类的历史。在旧石器时代,由于生存环境恶劣,技术条件低下,食物来源稀少,因此,人们采集到的野生植物没有任何剩余以作其他用途。人类社会进入新石器时代后,作物的栽培使得农业的起源和传播成为一种必然,如起源于中东地区的大麦、小麦、燕麦、裸麦、葡萄等作物;起源于中国的高粱、稻、黍等作物;起源于美洲的玉米、马铃薯等作物,在成功培植的基础上进行了大规模的种植,并从中心发源地逐渐向外传播扩散,为谷类原料酒、果类原料酒、果杂类原料酒酿造技术的开创和酿造工艺的进一步发展,奠定了物质基础。从饮酒、酿酒发展到使用专门的酒器,经历了相当漫长的历史过程。到了新石器时代末期,制陶技术和工艺有了进一步发展,一些地区开始用上釉的陶器来贮存酒类,可起到密封的作用,防止酒类等液体的渗漏和蒸发。事实证明,人类的祖先从大自然中得到了启发,开创了酿酒的先河,经过长期的探索、实践和总结,人类终于健全和完善了酿酒技术,并创造了灿烂辉煌、生生不息的世界酒文化。

二、酒的发展

人类对酒的认识经历了漫长的岁月。当人类社会由原始的食物采集时期过渡到农耕时代之后,劳动技术的进步、粮食作物的剩余、人口种族的定居等因素,促成了人类酿酒时代的到来,从原先的仅限于对有关酒的生活观察和体验,逐步发展到有意识的人工酿酒,并在反复实践中总结形成了有关酿酒的经验和技术。例如,单式发酵酿酒法最早出现在古埃及和两河流域,复式发酵酿酒法是中国古代先民的一项伟大发明。随着人类文明的延伸、社会经济的发展,每个时代科学技术的进步都给酿酒工艺的改良和深化提供了新的契机,酿酒技术的普及,饮酒风尚的盛行、社会分工的细化,最终导致酿酒业的确立。从文化角度分析,世界文明的发源地无一例外地与酒有不解之缘,成为孕育美酒的摇篮,并赋予了酒自然原始的精神内涵。文化联结和商业联结的双重性促使酒在世界范围内传播和扩张,在对其应用和创造的过程中,赋予了政治、经济、宗教、哲学、艺术等象征含义。

从酿酒工艺和科学发展的层面分析,酒的分类体系及其饮用范围,在中世纪(约公元395—1500年)前后已基本定型,随着科学技术的进步,人文精神的传播和优胜劣汰的竞争,酿酒领域发生了巨大的变化,传统经验型的酿酒工艺逐步被注重科学实践型的酿酒工艺所取代,两者最终融为一体;与此同时,以酒为载体的包罗万象的酒文化也渗透到世界每一个角落。

中国作为酒文化的发源地之一,在继承和发扬本民族传统的酿酒工艺精华的同时,从不排斥对西方外来酒文化的吸收,为世界酿酒业做出了杰出的贡献。西汉时期的张骞出使西域,通过古老的丝绸之路从西域引进了葡萄栽培和酿制技术,但由于中国传统用曲发酵工艺的限制,葡萄酒的酿制长期得不到较好的发展,未实现质的突破。直到1892年,由华侨张弼士先生在山东烟台开辟大面积的葡萄种植园,从法国、意大利引进优质的葡萄品种和先进的酿酒设备,开创了中国本土葡萄酒产业的先河。通过几代人不懈的努力,张裕公司旗下的葡萄酒、白兰地等品牌,已成为世界著名品牌,张裕公司也成为如今亚洲地区最大的葡萄酒公司。1903年,英、德商人合资在青岛开办了英、德酿酒有限公司,优质的崂山泉水、历史悠久的德国酿造技术在这里融合,由此诞生了驰名世界的啤酒品牌——青岛啤酒,并且成为了国内啤酒业所效仿的典范。

酒是世界各民族共同创造的硕果,是人类智慧的结晶,在酒被认识、应用和创造的过程中,世界各民族留下了各具历史背景和时代特色的酒文化的轨迹。多源头、多走向、多元化是酒文化发展的史实和趋势。如今,蓬勃发展的中国酿酒业为国民经济的发展和人民生活质量的提高做出了巨大的贡献,但同时面临着新观念、新技术的挑战。世界经济一体化格局的形成,使中国正逐步成为西方酒品的最大销售和消费市场。餐饮业的繁荣、中西方酒文化的有机结合、城市酒吧文化圈的崛起,使得酒品的消费和饮用潮流愈显健康、时尚的特性。酒品销售市场激烈的竞争,促使酒类生产企业加速研制新产品,并注重实施适合市场经济发展的营销策略。20世纪80年代以来,中国酿酒业进一步开拓国际市场,兴建了一大批中外合资、合作企业,世界著名的酿酒集团和洋酒经销公司,纷纷在中国设立了办事机构,先进工艺和传统经验的结合产生了诸多国产化的世界著名品牌。目前,中国酿酒业正在加速进行“四个转变”,即蒸馏酒向酿造酒转变,粮食酒向果实酒转变,高度酒向低度酒转变,低质酒向高质酒转变。随着酿酒业的发展,确立了一个全新的起点,中国酒文化将掀开新的一页。

第二节　酿酒基本工艺流程

人类对酒的认识、利用和创造经历了一个极其漫长的过程,至今从未停止过。但在很长一段时间内,人类的酿酒活动仅仅停留在继承前辈的传统和运用自身的经验方面,无法全面控制和提高酒的品质,没有解决酿酒过程中的关键难题。随着科学技术的发展和人类认识能力的增强,借助科学实验,人们对酒的认识逐渐深入到微观世界,并形成了有关酿酒过程中诸多变化的理性认识,在此基础上酿酒的生产工艺不断完善和提高,并积极地指导酿酒活动的实践。酿酒基本原理的形成,生产工艺和科技的飞跃,始终是贯穿于酒的发展历程中的一根主干线。

酿酒基本原理主要包括:酒精发酵、淀粉糖化、制曲、原料处理、蒸馏取酒、老熟陈酿、勾兑调校等。

一、酒精发酵

酒精发酵是酿酒的主要阶段，糖质原料如水果、糖蜜等，其本身含有丰富的葡萄糖、果糖、蔗糖、麦芽糖等成分，经酵母或细菌等微生物的作用可直接转变为酒精。法国细菌学家路易·巴斯德是酒精发酵理论的奠基人。

酒精发酵过程是一个非常复杂的生化过程，有一系列连续反应并随之产生许多中间产物，其中大约有30多种化学反应，需要一系列酶的参加。酒精是发酵过程的主要产物，理论上计算100千克的糖可以生成大约51.5千克的乙醇，换算容积大约为63.3升，但酵母的繁殖及维持其活性、新的酶类合成、发酵过程中原料的损耗等都需要消耗糖分作为能量，因此，一般认为100千克的糖可以生成50~55升的乙醇。除酒精之外，被酵母菌等微生物合成的其他物质及糖质原料中的固有成分如芳香化合物、有机酸、单宁、维生素、矿物质、盐、酯类等往往决定了酒的品质和风格。酒精发酵过程中会产生的二氧化碳会增加发酵温度，因此必须合理控制发酵的温度，当发酵温度高于30℃~34℃，酵母菌就会被杀死而停止发酵。除糖质原料本身含有的酵母之外，还可以使用人工培养的酵母发酵，因此酒的品质因使用酵母等微生物的不同而各具风味和特色。

二、淀粉糖化

糖质原料只需使用含酵母等微生物的发酵剂便可进行发酵；而含淀粉质的谷物原料等，由于酵母本身不含糖化酶，淀粉是由许多葡萄糖分子组成，所以采用含淀粉质的谷物酿酒时，还需将淀粉糊化，使之变为糊精、低聚糖和可发酵性糖的糖化剂。糖化剂中不仅含有能分解淀粉的酶类，而且含有一些能分解原料中脂肪、蛋白质、果胶等的其他酶类。曲和麦芽是酿酒常用的糖化剂，麦芽是大麦浸泡后发芽而成的制品，西方酿酒糖化剂惯用麦芽；曲是由谷类、麸皮等培养霉菌、乳酸菌等组成的制品。一些不是利用人工分离选育的微生物而自然培养的大曲和小曲等，往往具有糖化剂和发酵剂的双重功能。将糖化和酒化这两个步骤合并起来同时进行，称之为复式发酵法。

$$(C_6H_{10}O_5)n+H_2O\rightarrow C_6H_{12}O_6$$

$$\text{淀粉} + \text{水}\rightarrow\text{葡萄糖}$$

从上列反应式可计算出，理论上100千克淀粉可糖化生成111.12kg葡萄糖。

三、制曲

酒曲亦称酒母，多以含淀粉的谷类(大麦、小麦、麸皮)、豆类、薯类和含葡萄糖的果类为原料和培养基，经粉碎加水成块或饼状，在一定温度下培育而成。酒曲中含有丰富的微生物和培养基成分，如霉菌、细菌、酵母菌、乳酸菌等，霉菌中有曲霉菌、根霉菌、毛霉菌等有益的菌种，“曲为酒之母，曲为酒之骨，曲为酒之魂”。曲是提供酿酒用各种酶的载体。中国是曲蘖的故乡，远在3000多年前，中国人不仅发明了曲蘖，而且运用曲蘖进行酿酒。酿酒质量的高低取决于制曲的工艺水平，历史久远的中国制曲工艺给世界酿酒业带来了极其深远的影响。

中国的曲种大概可分为五类：大曲、小曲、红曲、麦曲、麸曲。

中国以谷物为原料制成的各种曲，不仅使用方便，而且是利用固态培养基培育并保存微生物，是优良的工艺和方法，在低温干燥条件下，曲中的微生物处于休眠状态，糖化力和发酵力都极其微小，而且在长期的贮存过程中，曲中的微生物得以进一步纯化。19世纪末期，法国人卡尔麦特利用中国的酒曲分离出高糖化高酒化的霉菌菌株，用于酒精的生产，从而改变了欧洲人历来用麦芽、谷芽为糖化剂的酿造法，与中国制曲的历史相比迟了2000多年。

中国制曲的工艺各具传统和特色，即使在酿酒科技高度发展的今天，传统作坊式的制曲工艺仍保持着原先的本色，尤其是对于名酒，传统的制曲工艺奠定了酒的卓越品质。

四、原料处理

无论是酿造酒，还是蒸馏酒，以及两者的派生酒品，制酒用的主要原料均为糖质原料或淀粉质原料。为了充分利用原料，提高糖化能力和出酒率，并形成特有的酒品风格，酿酒的原料都必须经过一系列特定工艺的处理，主要包括原料的选择配比及其状态的改变等。环境因素的控制也是关键的环节。

糖质原料以水果为主，原料处理主要包括根据成酒的特点选择品种、采摘分类、除去腐烂果品和杂质、破碎果实、榨汁去梗、澄清抗氧、杀菌等。以葡萄酒为例，优质的葡萄酒都必须选用特定的葡萄品种，如酿制红葡萄酒的Cabernet Sauvignon、Gamay、Merlot等，酿制白葡萄酒的Chardonnay、Riesling等。每年的九、十月是葡萄收获的季节，果农们进园采摘酿酒的葡萄，在24小时内送至酒厂进行处理。通过分类，选择优良的果实进行破碎、压榨、除梗等，以获得优质的葡萄原汁。酒种和酒质不同决定了破碎压榨工艺的区别，制红葡萄酒所选用的葡萄品种在破碎压榨后，果肉、果皮、果汁一同参与发酵，而制白葡萄酒所选用的葡萄品种破碎压榨后，只采用葡萄汁进行发酵。即使酿酒科技自动化的今天，一些著名的葡萄酒庄园仍然采用传统的人工操作并对原料进行处理，在欧洲的葡萄园仍然采用人工采摘葡萄，并将葡萄装入木桶中，男女老少用脚踩踏葡萄以榨取葡萄汁。

淀粉质原料以麦芽、米类、薯类、杂粮等为主，采用复式发酵法，先糖化、后发酵或糖化发酵同时进行。原料品种及发酵方式的不同，原料处理的过程和工艺也有差异性。中国广泛使用酒曲酿酒，其原料处理的基本工艺和程序是精碾或粉碎，润料（浸米），蒸煮（蒸饭），摊凉（淋水冷却），翻料，入缸或入窖发酵等。西洋以淀粉原料制酒，制麦芽是核心。啤酒的生产从精选大麦开始，其原料处理的基本工艺和程序是浸麦，使其充分吸收水分，在特定的环境下大麦发芽；干燥麦芽使其停止发芽；粉碎麦芽同酿造用水混合制成麦芽浆，加入淀粉糊煮成糊状，开始糖化。苏格兰威士忌是世界著名的谷物蒸馏酒，其独特的原料处理工艺使酒质卓越超群。苏格兰威士忌以大麦为主要原料，大麦洒水发芽后，用苏格兰特有的泥炭熏烤，从而使麦芽常有独特浓烈的烟熏味，并使酒质具有这一显著的特点；熏烤的麦芽经粉碎加入不同温度的酿造用水制成麦芽浆，并使淀粉分离，泵入发酵罐待冷却后进行发酵。

五、蒸馏取酒

所谓蒸馏取酒就是通过加热，利用沸点的差异使酒精从原有的酒液中浓缩分离，冷却后获得高酒精含量酒品的工艺。在正常的大气压下，水的沸点是100℃，酒精的沸点是78.3℃，将酒液加热至两种温度之间时，就会产生大量的含酒精的蒸汽，将这种蒸汽收入管道并进行冷凝，就会与原来的酒液分开，从而形成高酒精含量的酒品。在蒸馏的过程中，原汁酒液中的酒精被蒸馏出来予以收集，并控制酒精的浓度。原汁酒中的味素也将一起被蒸馏，从而使蒸馏的酒品中带有独特的芳香和口味。

蒸馏酒液的设备称为蒸馏器，最简单的蒸馏器称为蒸馏锅（罐），铜质制成。自蒸馏技术用于制酒，这种设备一直用至19世纪，现在法国的干邑地区、苏格兰、爱尔兰仍采用这种传统的蒸馏设备蒸馏酒品。这种蒸馏设备又称为单式蒸馏机。使用单式蒸馏设备能够保持较好的酒味,但蒸馏过程中诸环节烦琐,较难控制。目前连续式蒸馏机广泛用于酿酒业,其性能也不断提高。其设备通常制成塔形,所以又被称为塔式蒸馏机,由一个酒液塔和数个精馏塔连接在一起。采用连续式蒸馏设备所获得的酒液酒精含量较高,但酒体不够丰满,缺乏酯类、酸类、醛类等成分,与单式蒸馏设备相比,所获得的酒液酒香不足。

六、酒的老熟和陈酿

酒是具有生命力的,糖化、发酵、蒸馏等一系列工艺的完成并不能说明酿酒全过程就已终结,新酿制成的酒品并没有完全完成体现酒品风格的物质转化,酒质粗劣淡寡,酒体欠缺丰满,固以新酒必须经过特定环境的窖藏。经过一段时间的贮存后,醇香和美的酒质才最终形成并得以深化。通常将这一新酿制成的酒品窖香贮存的过程称为老熟和陈酿。

人们通常把酒品老熟陈酿的年限,称为酒龄,并把它作为衡量酒品质量的标志。苏格兰威士忌在酒标上明确标明酒龄,干邑白兰地酒标上的字母及其组合标明了参与调配的白兰地的酒龄。

酒在老熟和陈酿过程中所发生的一系列复杂的变化至今还未能完全解释清楚;酒质在此过程中,主要发生下列几种转变:

(1)酒在老熟陈酿的过程中,适度接触空气,空气中的氧气徐徐渗入酒液,使酒液经过氧化还原、酯化等化学反应以及聚合等作用,可减少酒液中粗劣的物质成分,突出生成的奇香物质,从而改善酒的风味。

(2)刺激辛辣的成分挥发,酒液的精华得以浓缩,使之愈加丰腴醇美。

(3)酒中的有机物质如醇类、酸类、酯类、醛类等彼此化合,使酒的芳香和味道丰富协调,酒质纯正圆满。

(4)酒精分子和水分子互相亲合,酒精刺激味道减少,酒品有回味。

(5)酒液在陈酿过程中,吸收贮存器尤其是橡木桶桶材的成分(木质素、鞣酸、色素、氮化合物等),这些成分渗解析出,从而使酒液获得色、香、味等典型的酒体风格特征。

七、勾兑调校

勾兑调校工艺,是将不同种类、陈年和产地的原酒液半成品(白兰地、威士忌等)或选取不同档次的原酒液半成品(中国白酒、黄酒等)按照一定的比例,参照成品酒的酒质标准进行混合、调整和校对的工艺。勾兑调校能不断获得均衡协调、质量稳定、风格传统地道的酒品。

酒品的勾兑调校被视为酿酒的最高工艺,创造出酿酒活动中的一种精神境界。从工艺的角度来看,酿酒原料的种类、质量和配比存在着差异性,酿酒过程中包含着诸多工序,中间发生许多复杂的物理、化学变化,转化产生几十种甚至几百种有机成分,其中有些机理至今还未研究清楚,而勾兑师的工作便是富有技巧地将不同酒质的酒品按照一定的比例进行混合调校,在确保酒品总体风格的前提下,以得到整体均匀一致的市场品种标准。

第三节 酒 度

乙醇在酒品中的含量用酒度来表示,酒度的表示法也因计量和国家的不同而不同。

一、计量表示法

(一)容量百分比(Percent Volume)

容量百分比,是惯用的酒度表示法,即在20℃室温的条件下,每100毫升的酒液中含有乙醇的毫升数,以“%by vol.”或“V/V%”表示。

（二）重量百分比(Percent Weight)

即在20℃室温的条件下,每100毫升酒液中含有乙醇的克数,以“by wgt”或“W/W%”表示。

二、不同国家和地区的酒度表示法

（一）标准酒度(Alcohol% By Volume)

标准酒度是法国著名化学家盖·吕萨克(Gay Lussac)发明的,它是指在室温20℃条件下,100毫升酒液中含有乙醇的毫升数。标准酒度表示法简易明了,被广泛采用,通常以百分比表示,或简写为GL。

（二）英制酒度(Degrees of Proof UK)

英制酒度是18世纪英国人克拉克(Clark)创造的一种酒度计算方法,它和美制酒度一样用酒精纯度来表示,1个酒精纯度相当于1.75%酒精含量,即标准酒度的1.75倍。

（三）美制酒度(Degrees of Proof US)

美制酒度用酒精纯度(Proof)表示,1个酒精纯度相当于2%的酒精含量,即可认为是标准酒度V/V%的2倍。

（四）三种酒度之间的换算表示

英制酒度和美制酒度以“酒精纯度”(Proof)为单位,它们的使用比标准酒度都要早,酒度之间的换算关系为:

$$标准酒度 \times 1.75 = 英制酒度$$

$$标准酒度 \times 2 = 美制酒度$$

$$英制酒度 \times 8/7 = 美制酒度$$

第四节　酒的分类

世界酒类品种繁多,琳琅满目。人类酿酒之初,由于认识的局限性,无法探索酒的微观世界,对酒的认识一般只停留在感性基础上,酒的名称与类别往往是由酿酒起源地、关于酒的宗教信仰以及酒的地域性、民族性等文化特性演变而成。随着酿酒工艺科学的发展完善,在长期的发展过程中,酒的分类体系按照酒系→酒类→酒种→酒品的走向日益细化。酒的分类方法和标准也各不相同,如按照生产工艺可分为酿造酒、蒸馏酒、配制酒等,按生产原料可分为谷类酒、果类酒、香料酒、草药酒、奶蛋酒、蜂蜜酒、植物浆液酒、混合酒等。此外,亦可根据酒的产地、颜色、含糖量、状态、饮用方式等特性进行分类。

世界上比较规范的分类方法,是按照生产工艺将酒分为酿造酒、蒸馏酒和配制酒三大体系,每个酒系又以生产原料细分为具体的酒类和酒品。

一、酿造酒(Fermented)

酿造酒,又称为原汁、发酵酒,它是以富含糖质、淀粉质的果类、谷类等为主要原料,添加霉菌、酵母菌,经糖化、发酵而产生的含酒精饮料。其生产工艺过程包括糖化、发酵、过滤、杀菌、贮存、调配等。酿造酒的特点是酒精含量较低,酒精度一般在20%以下,营养丰富,佐餐性较强。

酿造酒根据生产原料的不同,分为谷类、果类和其他类。

(一)谷类酿造酒

谷类酿造酒是以含淀粉质的大麦、小麦、大米、玉米、高粱、黍米等为主要原料经糖化发酵而成的酒品,主要分啤酒、黄酒和清酒三大类。

(二)果类酿造酒

果类酿造酒是以富含糖分的果实为原料经酿造而成的酒品,在果类酿造酒中以葡萄酒最具有典型性。

根据国际葡萄与葡萄酒组织(OIV)1978年的规定,将葡萄酒分为葡萄酒和特殊葡萄酒。葡萄酒的分类方法很多,主要有以下几种:

1.按照葡萄酒的色泽分类

(1)红葡萄酒(Red Wine)

(2)白葡萄酒(White Wine)

(3)玫瑰红葡萄酒(Rose Wine)

2.按照含糖量分类(1996年规定)

(1)干葡萄酒(Dry Wine)

含总糖(以葡萄糖计)≤4.0克/升的葡萄酒,为无甜味的酸型酒。

(2)半干葡萄酒(Semi-Dry Wine)

含总糖4.1~12.0克/升的葡萄酒,略呈甜味,酸味不太明显。

(3)半甜葡萄酒(Semi-sweet Wine)

含总糖≥12.1~45.0克/升的葡萄酒,口味较甜。

(4)甜葡萄酒(Sweet Wine)

含总糖≥45.0克/升的葡萄酒,甜味显著,无酸味感。

3.按含气状态分类

(1)静态葡萄酒(Still Wine):指不含二氧化碳气体的葡萄酒。在20℃时,瓶内的压力(以250毫升/瓶计)≤0.05mpa。

(2)起泡葡萄酒(Sparkling Wine):经调配好的葡萄原酒添加由蔗糖和酵母所组成的再发酵剂,在密封的条件下进行二次发酵产生二氧化碳气体而成。在20℃时,瓶内压力(250毫升/瓶计)≥0.35mpa。

起泡葡萄酒的二氧化碳气体亦可人工压入。在20℃时,瓶内的压力为0.051~0.25mpa。

起泡葡萄酒亦称葡萄汽酒,以法国北部香槟省出品的最为著名,并冠名为"香槟酒"(Champagne)。

4.按特殊的生产工艺分类

(1)强化葡萄酒(Fortified Wine)

(2)加香葡萄酒(Flavored Wine)

不添加酒精和糖分,完全用葡萄汁酿制的葡萄酒称为天然葡萄酒(Natural Wine)。

5.其他分类方法

(1)按饮用时间分类可分为餐前葡萄酒、佐餐葡萄酒和餐后葡萄酒。

(2)按葡萄酒所用葡萄分类可分为单品种葡萄酿制的葡萄酒和多品种葡萄酿制的葡萄酒。

(3)按葡萄的来源可分为家葡萄酒和山(野)葡萄酒。

(4)按生产年份可分为年份葡萄酒和无年份葡萄酒。

(5)按葡萄汁含量分类可分为半汁葡萄酒和全汁葡萄酒。

(6)按葡萄酒品质分类可分为调配葡萄酒、普通葡萄酒和高级葡萄酒。

除葡萄酒之外,用其他水果酿造的酒,必须注明水果的名称以区别于葡萄酒,或用专用名词表示,例如苹果酒(Cider)、樱桃酒(Cherry Wine)、草莓酒(Strawberry Wine)、橙酒(Orange Wine)等。

(三)其他类

以牛、马、羊等动物乳汁或蜂蜜为原料酿制成的酿造酒。

二、蒸馏酒(Distilled Alcoholic Beverages/Spirits)

凡以糖质或淀粉为原料,经糖化、发酵,经过一次或多次蒸馏提取的高酒精含量的酒品为蒸馏酒。世界上蒸馏酒品很多,比较典型的有白兰地、威士忌、金酒、伏特加、朗姆酒、特吉拉酒、中国白酒、日本烧酒等。根据生产原料的不同可分为谷类蒸馏酒、果类蒸馏酒、果杂类蒸馏酒和其他类蒸馏酒。

(一)谷类蒸馏酒

1.威士忌(Whisky)

2.金酒(Gin)

3.伏特加(Vodka)

4.中国白酒(China White Liquor)

中国白酒名品众多,风格多样,一般有以下几种分类方法:

(1)按香型和质量特点分:酱香型、浓香型、清香型、米香型、兼香型。

(2)按生产工艺分:固态发酵白酒、液态发酵白酒、固液勾兑白酒。

(3)按原料分:粮食酒(玉米、高粱、麦类、稻米等)、薯类白酒(鲜白薯干、白薯干)、代用品白酒(玉米糠、高粱糠、粉渣等)。

(4)按使用酒曲的种类分类:大曲白酒、小曲白酒、大、小曲混合白酒、麸曲白酒。

(5)按酒精含量分类:高度白酒(40%以上)、中度白酒(20%~40%)、低度白酒(20%以下)。

5.其他谷物蒸馏酒

(1)阿瓜维特酒(Aquavit)

以马铃薯和谷物为主要原料,通过麦芽进行糖化、发酵,然后蒸馏,最后以香草等提香而制成的蒸馏酒,为北欧挪威、丹麦、瑞典等国的传统谷物蒸馏酒。

(2)科伦酒(Korn)

科伦酒为德国特有的谷物蒸馏酒,其原料为黑麦、小麦、混合谷物等。德国把这种酒称为Korn Brannt Wein(意为用谷物制造的白兰地),简称为Korn。此外,德国将类似科伦酒的蒸馏酒称之为修那普斯(Schnapps),但这是一种广义的概念。

(3)俄克莱豪(Okolehao)

该酒是夏威夷的特产酒,是以芋头(当地称之为Ti)为原料而制成的蒸馏酒,简称为欧凯(Oke)。夏威夷的当地人一般都直接饮用,但更流行的饮用方式是在俄克莱豪酒中兑入可乐或橙汁一起饮用。

（二）果类蒸馏酒

白兰地是对果类蒸馏酒的总称，但就典型性和代表性而言，白兰地往往习惯成为葡萄白兰地的代名词，其他果类蒸馏酒的命名则在白兰地前冠以水果名，或以专有名称指示。

除葡萄白兰地之外，其他水果如苹果、梨、桃子、草莓、杏、李子、樱桃等均可以制造白兰地，各具风格。水果白兰地中著名的酒品有：

樱桃白兰地：Eau-de-vie de Kirsch（法），Kirschwasser（德）；

黄李白兰地：Eau-de-vie de Misrabelle（法）；

紫罗蓝色李白兰地：Eau-de-vie de quetsch（法）、Sljivovica（南斯拉夫）、Slibovitza（罗马尼亚）、Slivovitz（匈牙利）；

木莓白兰地（即覆盆子）：Eau-de-vie de Framboise（法），Himbeergeist（德、瑞士）；

西洋梨白兰地：Eau-de-vie de William（法），Williamine（瑞士）；

杏白兰地：Barak Palinka（匈牙利）。

（三）果杂类蒸馏酒

果杂类蒸馏酒主要是以植物的根、茎、花、叶等作原料，经糖化发酵蒸馏等工艺而成的蒸馏酒，主要的酒品有朗姆酒（Rum）、特吉拉酒（Tequila）等。

除朗姆酒、特吉拉酒之外，以龙胆根为原料制成的蒸馏酒也较为著名，瑞士的 Aveze，德国的 Gentiane Germain 及法国的 Suze 都是较为著名的龙胆蒸馏酒。

（四）其他类蒸馏酒

有些蒸馏酒虽然生产工艺与上述几种相同，但由于制酒原料的独特和酒种稀少等原因，无法归入以上几类，故单独列为其他蒸馏酒，习惯将阿拉克（Arrack/Arak）作为这类酒的总称，其词源可能来自阿拉伯语中的 Araq（果汁之含义）。

最初的蒸馏酒工艺始于阿拉伯，是用椰枣的果汁发酵蒸馏而成。以后随着蒸馏技术的传播，人们才开始尝试以多种原料制造蒸馏酒。目前，被称之为 Arak 的蒸馏酒仍然为西亚、东南亚、南美等各地居民的传统酒品。例如西亚的棕榈子酒、中东的椰枣酒、南美的花酒以及热带海洋地区的椰子酒等。

三、配制酒（Compounded）

配制酒种类繁多，风格万千，分类体系较为复杂。世界上较为流行的是将配制酒分为三类，即开胃酒、甜食酒和利口酒。

（一）开胃酒（Aperitif）

常见的开胃酒包括味美思（Vermouth）、茴香酒（Anises）和比特酒（Bitter）。

（二）甜食酒（Dessert Wines）

著名的甜食酒产地主要集中在南欧诸国，如葡萄牙的波特酒（Port）、西班牙的雪利酒（Sherry）、葡萄牙的马德拉酒（madeira）、西班牙的马拉加酒（Malaga）、意大利的马尔萨拉酒（Marsala）等。

（三）利口酒（Liqueur）

利口酒分类体系庞大复杂，通常按配制原料分为：水果类、种子类、果皮类、香草类和乳脂类，等等。利口酒色彩缤纷，口味香甜，充满韵味，是西餐宴会餐后甜酒的优良选择。利口酒更是改变和创造鸡尾酒的风格，赋予其诗情画意的辅料和配料。此外，利口酒还可用于西餐烹调、烘烤、配制冰激凌、布丁以及众多巧克力等。

四、鸡尾酒类(Cocktail)

鸡尾酒是混合酒类的典型,是色、香、味、形、意俱佳的酒品。因为鸡尾酒的制作以酒品之间一般的调配为主,所以不能称为生产工艺。鸡尾酒是现代生活中风靡世界的时尚饮品,鸡尾酒的世界多姿多彩,争妍斗奇,其中包含了人类最美好的情感语言和丰富的想象,鸡尾酒的发展历程在酒的世界历史里可比喻为一个短暂的瞬间,但在传统和创新有机融合的动力驱使下,保持着永恒的生机与活力。

本章小结

酒是世界各民族共同创造的硕果,是人类智慧的结晶,在酒被认识、应用和创造的过程中,世界各民族留下了各具历史背景和时代特色的酒文化的轨迹。多源头、多走向、多元化,是酒文化发展的史实和趋势。在以酒为载体所表现的各种文化现象中,酿酒工艺和科技的发展占主导地位。酿酒基本原理的形成,生产工艺和科技的飞跃,始终是贯穿于酒的发展经历中的一根主干线。酒在长期的发展过程中,酒的分类体系按照酒系→酒类→酒种→酒品的走向日益细化,世界上比较规范的分类方法是按照生产工艺将酒分为酿造酒、蒸馏酒和配制酒三大体系,每个酒系又以生产原料细分为具体的酒类和酒品。

思考与练习

1.酒的基本概念是什么?

2.酿酒的基本原理有哪些?

3.何谓酒度?酒度的三种表示方法是什么?它们之间的换算关系是什么?

4.根据酒的生产工艺,画出酒的分类体系图。

第2章 酿造酒——中国黄酒和啤酒

学习重点

- 熟悉黄酒的种类和特点
- 了解啤酒的生产方法
- 能说出主要的啤酒品牌及其特点

酿造酒(Fermented Wine),又称为原汁酒,是在含有糖分的液体中加进酵母经发酵而生产的含酒精饮料。其生产过程包括糖化、发酵、过滤、陈酿和杀菌等步骤。

酿造酒的主要酿酒原料是谷物和水果,其特点是含酒精量低,属于低度酒,例如用谷物酿造的啤酒一般酒精含量为3%~8%,果类的葡萄酒酒精含量为8%~14%。从酿造酒的原料分,可分为谷物酿造酒、果类酿造酒和其他类酿造酒。本章主要介绍谷物类酿造酒——黄酒和啤酒。

第一节 黄 酒

黄酒,是中国古老的酒精饮料之一。黄酒以粮食(大米和黍米)为原料,是通过酒药、曲和浆水中不同种类的霉菌、酵母和细菌的共同作用而酿成的一种低度压榨酒。黄酒酒液中主要成分有糖、糊精、醇类、甘油、有机酸、氨基酸、酯类和维生素等,是具有一定营养价值的饮料。这些成分及其变化,形成了黄酒的香气浓郁、口味鲜美和酒体醇厚等特点。大多数中国的黄酒具有黄亮的色泽,因而习惯上被人们称为“黄酒”。

黄酒的主要原料有糯米、粳米、黄米等。江南地区主要使用糯米和粳米;东北地区使用黄米。

一、黄酒的种类及其特点

黄酒具有悠久的历史,分布区域很广,品种繁多,品质优良,风味独特,其分类方法也各不相同,下面按黄酒的产区、原料、风味的不同将之分为四大类:

1.南方糯米(粳米)黄酒

南方糯米(粳米)黄酒是长江以南地区,以糯米、粳米为原料,以酒药和麦曲为糖化发酵剂酿成的黄酒,是中国黄酒的主要类别。主要品种有绍兴加饭酒、元红酒、花雕酒、无锡老廒黄酒以及各种加饭酒和仿绍酒等。

2.红曲黄酒

红曲黄酒是以糯米为原料,以大米和红曲霉制的红曲为糖化发酵剂酿成的。闽、台、苏、浙一带气候炎热,适宜用耐高温的红曲霉制米曲,用此曲制成的酒被称为红曲黄酒。由于在制酒过程中糖化发酵缓慢,故常加白曲。红曲黄酒的主要产地是福建和江浙一带。主要品种有福州红曲黄酒、闽北红曲黄酒、福建粳米红曲黄酒、温州乌衣红曲黄酒等。

3.北方黍米黄酒

华北和东北广大地区生产的黄酒基本上以黍米为原料,用麦曲为糖化发酵剂酿造而成,故统称为北方黍米黄酒。在酿酒过程中,麦曲在投产前先经烘焙,除去邪味和杀灭杂菌,将米煮成干粥状是其制酒特点。主要产品有山东即墨黄酒、兰陵美酒、山西黄酒、京津及东北各地产的黄酒。

4.大米清酒

大米清酒是一种改良的大米黄酒,酒色淡黄,清亮而富有光泽,具有清酒特有的香味,在风格上不同于其他黄酒。以大米为原料所酿造的清酒,其生产历史较短,发展较慢,较著名的有吉林清酒和即墨特级清酒等。

黄酒的种类虽然很多,但具有共同的特点:

(1)黄酒都是以粮食为原料酿成的发酵原酒。

(2)黄酒酒药中常配加中草药,使之具有独特的风味。

(3)具有浓郁的曲味和曲香。

(4)黄酒酿造过程中,淀粉糖化、酒精发酵、成酸、成酯作用等生化反应同时进行,交互反应,同时低温发酵酿造,酒精发酵的全部生成物构成了黄酒特有的色、香、味、体,酒度较低,一般在15~20度。

(5)成品黄酒都用煎煮法灭菌,用陶坛盛装,既可直接饮用,也便于久藏。另外,酒坛用无菌荷叶和笋壳封口,并用糠和黏土等混合加封泥头,封口既严,又便于开启,酒液在陶坛中进行后熟,越陈越香。

(6)黄酒是原汁酒类,有少量沉淀。

二、主要黄酒品种

1.绍兴酒

绍兴酒是我国黄酒中最古老的品种,以产于浙江绍兴而得名。由于久存而芳香,故又名"老酒"。取古越鉴湖之水酿制,故别号"鉴湖名酒"。

根据《吕氏春秋》记载:"越王之栖会稽也,有酒投江,民饮其流而战气百倍"。记载说明,在2400多年前的绍兴已能造酒,也证明我国是黄酒鼻祖。在历届全国评比中,绍兴酒一直处于名酒之列。

绍兴酒色泽橙黄清亮,滋味醇厚甘鲜,香气馥郁芬芳,每升含热量在1299卡至2546卡路里,酒中含有21种氨基酸、多种维生素和糖类等,酒精含量为15~20度,刺激性小,适量常饮有促进食欲、舒筋活血、生津补血和解除疲劳之功效;黄酒用于制药,能使药性移行于酒内而增加疗效,补身养颜。

酿造绍兴酒的糯米为硬糯,米色洁白,颗粒饱满,气味良好,不含杂米粒。酿酒采用鉴湖之水。鉴湖之水来自群山深谷,经过砂层岩土的净化作用,含有一定适于酿造微生物繁殖的矿物质,从而使酿造出的黄酒鲜甜醇厚。酒药为糖化发酵菌制剂,并配有蓼草及多种药料,除能供菌类以生长素外,对酿酒风味也有明显的影响。酿造绍兴酒的糖化剂是麦曲,用曲量高达原料糯米的15.5%。

生产绍兴酒的方法是先生产淋饭酒,再用淋饭酒作为生产摊饭酒的酒母。

淋饭酒的生产过程是把经过筛选的糯米,用鉴湖水浸泡后蒸煮,再用冷水淋凉米饭,落缸用酒药糖化、发酵生产而成。

摊饭酒是绍兴酒的成品酒,是以摊凉米饭的方法生产而得名,品种很多,其中以元红酒产量最大,销量最广。其生产过程是将精白糯米用鉴湖水浸泡16~20天,取出米浆,将米蒸成饭,冷却后配加一定量的鉴湖水、浆水、麦曲和酒母落缸,进行糖化、发酵,约经60天成酒,再经压榨、澄清、杀菌和装坛而成。

为了保证绍兴酒的质量,装坛前必须进行80℃~92℃的高温蒸汽杀菌处理,装酒的酒坛用荷叶、竹壳和黏土严密封口。

绍兴酒生产工艺流程见图2-1。

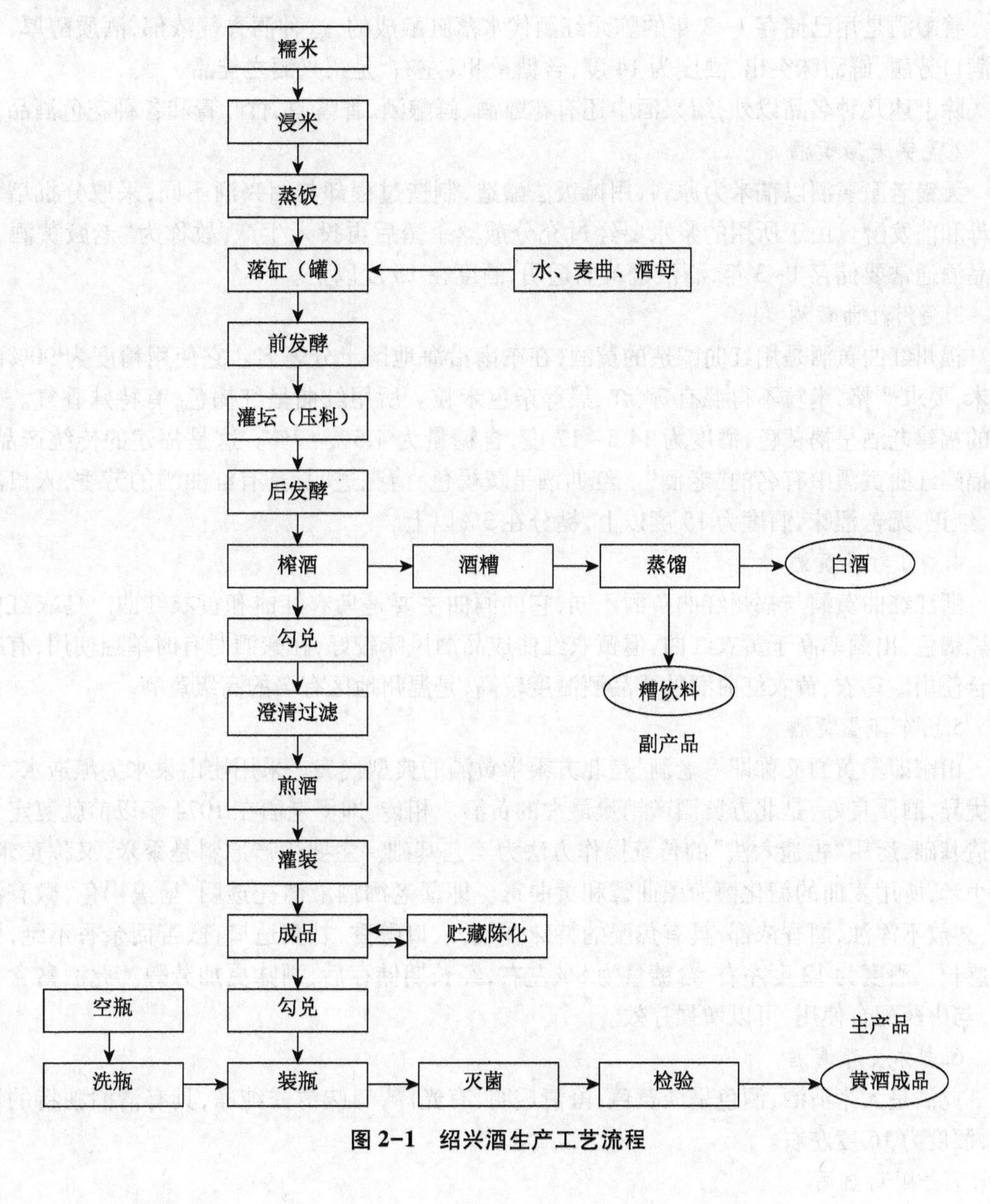

图2-1 绍兴酒生产工艺流程

绍兴酒的主要品种有：

(1)元红酒

俗称状元红酒，酒液呈琥珀色，或橙黄而透明，香气是绍兴酒特有的酯香，口味甘润鲜美而爽口，酒度为15度，含糖量为0.2%~0.5%，无辛辣酸涩等异味。

(2)加饭酒

加饭酒是加料的摊饭酒，即在酿造时用糯米的数量较多，一般加入糯米的数量比元红酒多10%以上，因而取名加饭酒。加饭酒的酿造发酵期长达80~90天，酒质优美，风味醇厚，酒度为16.5度左右，糖度为1%，宜于久存，是绍兴酒中的上等品。

(3)善酿酒

善酿酒是用已储存1~3年的陈元红酒代水落缸酿成的，这种酒香气浓郁，酒质醇厚，饮时满口芳馥，鲜甜味突出，酒度为14度，含糖量8%左右，是绍兴酒之佳品。

除上述几种名品以外，绍兴酒中还有花雕酒、鲜酿酒、香雪酒、竹叶青和各种花色酒品。

2.无锡老廒黄酒

无锡老廒黄酒以糯米为原料，用摊饭法酿造，制造过程却与绍兴酒不同，采取分批培育酵母和前发酵。由于所用的浆水要经过充分煎熬杀菌后再投入生产，故称为“老廒黄酒”。成品酒通常要储存1~3年，酒液橙黄而透明，酒度在15度以上。

3.福州红曲黄酒

福州红曲黄酒是用红曲酿造的黄酒，在东南沿海地区十分著名。它使用精度为90%的糯米，要求严格，米粒不得混有青、红、黑等杂色米粒。所用红曲呈红褐色，有特殊香气。著名的福建老酒呈褐黄色，酒度为14.5~17度，含糖量为4.5%~7%。这是福建的传统产品，是福建红曲黄酒中有名的“老酒”。红曲酒呈黄褐色，清亮透明，具有红曲酒的芳香，入口醇和、纯正，无苦涩味，酒度为15度以上，糖分在3%以上。

4.浙江红曲黄酒

浙江红曲黄酒与福州红曲黄酒不同，它的酒曲主要是乌衣红曲和黄衣红曲。乌衣红曲呈黑褐色，出酒率高于黄衣红曲，但黄衣红曲成品酒风味较好，在酿酒时有时单独使用，有时混合使用。乌衣、黄衣红曲酒的成品酒酒度较高，是温州地区有名的高级黄酒。

5.山东即墨黄酒

山东即墨黄酒又称即墨老酒，是北方黍米黄酒的典型代表。采用崂山泉水为酿造水，水质优异，酒质良好，是北方黄酒产销量最大的黄酒。相传，即墨老酒在1074年以前就奠定了酿造基础，运用“古遗六法”的传统操作方法为工艺基础。主要生产原料是黍米，又称黄米、糯小米，所用麦曲的糖化菌为黑曲霉和黄曲霉。即墨老酒酒液清亮透明，呈黑褐色，微有沉淀，久放不浑浊，酒香浓郁，具有焦糜的特殊香气，入口醇香，甘爽适口，微苦而余香不绝，回味悠长。酒度为12度左右，含糖量为8%左右，经长期储存后，酒味更加芳醇。此酒富含营养，与中药配合使用，可以增强疗效。

6.吉林长春清酒

此酒是大米清酒，酒色呈淡黄色，澄清透明，有光泽，口味清秀纯净，具有清酒独特的风味，酒度为16度左右。

7.丹阳封缸酒

丹阳封缸酒是风味别具一格的甜型黄酒，醇香馥郁，味道鲜甜突出，酒度为14度，含糖量为28%以上,是丹阳黄酒中品质最佳的一种。

8.沉缸酒

沉缸酒是福建龙岩酒厂生产的一种甜型黄酒,褐红色,清亮明澈,芳香幽郁,酒质醇厚,入口甘甜,无稠黏之感,但觉糖的甘甜、酒的辛辣、酸的鲜爽、曲的苦辛同时毕现,协调而余味绵长,风味独特,酒度20度,含糖20%。酒中还含有适量氨基酸,是一种营养价值较高的饮料酒。

9.蜜沉沉

是福建福安的民间特产,金黄透亮,略带褐色,除具有高级甜型黄酒的清醇酒香外,还有自己特有的浓郁曲香,饮时口味醇和爽适,醇甜协调,回味清香,余味绵长,属于甜型黄酒,酒度为16.5度,含糖量为25%。

10.东江糯米酒

此酒是广东省的传统产品,红褐透明,陈酒芳香,香浓味厚,酸甜比例适中,入口醇和,酒度为18度,糖分为13%~15%。

三、黄酒的保管与饮用

黄酒属于原汁酒类,一般酒精含量较低,越陈越香是黄酒最显著的特点。但是,如果黄酒的储藏与保管不当,将会导致黄酒腐败变质。因此,储藏、保存黄酒,既要防止损耗变质,又要尽可能创造促进其质量提高的有利条件。

黄酒的储存有以下几方面的要求:

(1)酒宜储藏在地下酒窖。

(2)黄酒最适宜的储藏条件是环境凉爽,温度变化不大,一般温度在20℃以下,相对湿度为60%~70%。但是,黄酒储存并不是温度越低越好,如果低于零下5℃,黄酒就会有受冻、变质和结冻破坛的可能,所以黄酒不宜露天存放,尤其在北方地区。

(3)堆放平稳,酒坛、酒箱堆放高度一般不得超过四层。每年夏天应倒坛一次,以使上下酒坛内的酒质保持一致。

(4)酒不宜与其他异味物品或食品同库存储。坛头破碎或瓶口漏气的酒坛酒瓶必须立即出库,不宜继续放在库中储存。

(5)黄酒储存不宜经常受到震动,不能有强烈光线的照射。

(6)不可用金属器皿储存黄酒。

黄酒饮用时一般要温酒。古代人饮用黄酒时通常用燋斗,燋斗呈三足带状,温酒时在燋斗下用火加热,便可将酒温好,然后斟入杯中饮用。温酒还有一种方法,即注碗烫酒。明朝以后,人们习惯于用锡制的小酒壶放在盛热水的器皿里烫酒,这种方法一直沿用至今。现在由于宾馆酒店的设施原因,加上黄酒大多改用玻璃瓶装,温酒过程相对简单多了,一般只需将酒瓶直接放入盛热水的酒桶里温烫即可。

第二节 啤酒

啤酒是营养十分丰富的清凉饮料,含有人体所需的氨基酸和12种维生素。它不但含有原料谷物中的营养成分,而且经过糖化、发酵以后,营养价值还有所增加。据测算,一升普通的啤酒能产生大约425大卡的热量,相当于五六个鸡蛋、500克瘦肉、250克面包或800毫升牛奶所产生的热量，因此，啤酒又有“液体面包”的美称。

啤酒包括所有的啤酒类饮料，如爱尔（Ale）、司都特（Stout）和拉戈（Lager）。现在啤酒正确的定义是指任何用啤酒花调香的酿制饮料，其生产原料是谷物，包括大麦、小麦、玉米、黑麦、稻谷等作物。除了谷物外，啤酒的成分还有水、酒花、酵母、糖、澄清剂等，在酒精含量为4%的啤酒中，水占90%左右。啤酒具体成分与比例如下：

水	89%～91%
酒精	4%～8.5%
碳水化合物	4%～5%
蛋白质	0.2%～0.4%
二氧化碳	0.3%～0.45%
矿物质	0.2%左右

一、啤酒的生产

生产啤酒的主要原材料有四大类，即可发酵谷物、酵母、水和啤酒花。酿酒原料以大麦为主，麦芽是啤酒的核心，蛇麻花即俗称的啤酒花是啤酒的灵魂，它形成了啤酒特有的清新的苦味。

大麦是酿造啤酒的主要材料。大麦的选用很有讲究，一般要求颗粒肥大，淀粉丰富，发芽力越强越好，通常选用二棱或六棱大麦。大麦淀粉含量越多越好，但蛋白质含量不宜太高，一般在8%～12%左右为宜，蛋白质过高会降低啤酒的稳定性，过低则会引起发酵不良。

啤酒花在我国称为蛇麻花，又译为“忽布”或酒花，它是一种多年生缠绕草本植物。植物分类属桑科，草属，该植物型小，雌雄异株，酿造啤酒用雌花。原产于欧洲及亚洲西部，我国新疆北部有野生的，东北、华北和山东等地有栽培。啤酒花能给啤酒以特殊的香气和爽口的苦味，增加啤酒泡沫的持久性，抑制杂菌的繁殖，同时使啤酒具有健胃、利尿、镇静等医药效果。啤酒花之所以具有这些功能，主要是啤酒花脂腺含有苦味质、单宁及酒花油。苦味质可防止啤酒酒液中腐败菌的繁殖，还能杀死啤酒制作发酵过程中产生的乳酸菌和酪酸菌。

啤酒发酵时使用专用啤酒酵母，分上发酵和下发酵两种发酵方法。上发酵时产生的二氧化碳和泡沫将酵母漂浮于酒液表面，最适宜的发酵温度为10℃～25℃，发酵期为5～7天；下发酵时酵母悬浮于发酵液中，发酵终了凝聚而沉于酒液底部，发酵温度是5℃～10℃，发酵期为6～12天。

啤酒用水相对于其他酿造酒类来说要求要高得多，特别是用于制麦芽和糖化的水，与啤酒质量密切相关。酿造啤酒用水量很大，对水的要求是不含有妨碍糖化、发酵以及有害于色、香、味的物质。为此，很多酒厂通常采用100米以下的深井水；如无深井，则用离子交换剂和电渗析方法对用水进行处理。

啤酒的生产过程见图2-2：

1.麦

精选优质大麦，按颗粒大小分别清洗干净，然后在槽中浸泡3天，送发芽室，在低温潮湿的空气中发芽一周，再将嫩芽风干24小时。这样大麦芽就具备了啤酒所必备的颜色和风味。

2.浆

将风干的麦芽磨碎，加入适当温度的水，制成麦芽浆。

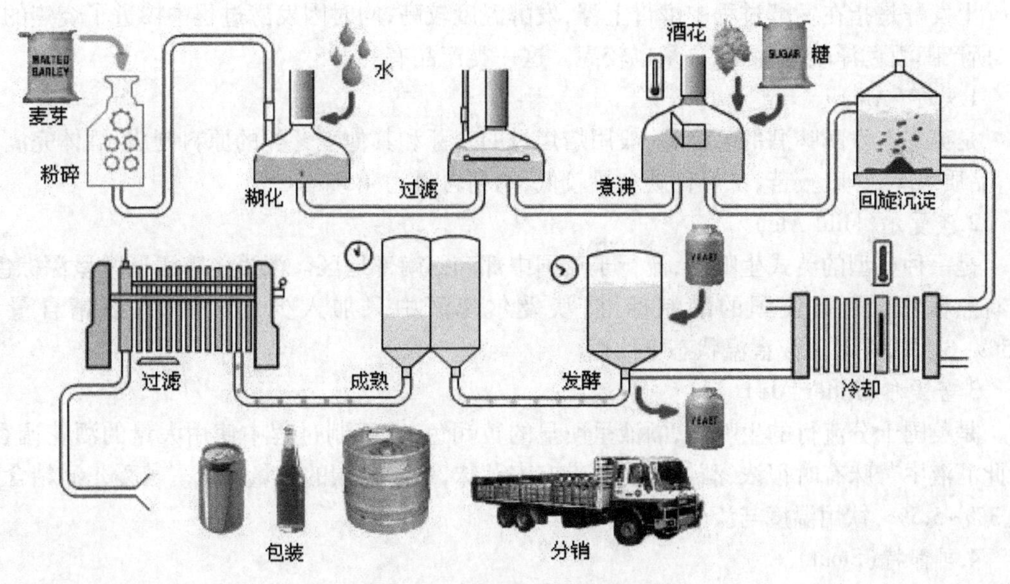

图 2-2 啤酒生产工艺流程

3.煮浆

将麦芽浆送进糖化槽,加入米淀粉煮成的糊,加温,这时麦芽酵素充分发挥作用,把淀粉转化为糖,产生麦芽糖般的汁液,过滤后加入蛇麻花煮沸,提炼出芳香和苦味。

4.冷却

经过煮沸的麦芽浆经冷却,至5℃,然后加入酵母进行发酵。

5.发酵

麦芽浆在发酵槽经过8天左右的发酵,大部分的糖和酒精都被二氧化碳分解,产生生涩的啤酒。

6.陈酿

经过发酵的生涩啤酒被送进调节罐中,低温陈酿两个月,陈酿期间,啤酒慢慢成熟,二氧化碳逐渐溶解成调和的味道和芳香,渣滓沉淀,酒色开始变得透明。

7.过滤

成熟后的啤酒经过离心器去除杂质,使酒色呈透明琥珀色,这就是生啤酒。然后在酒液中注入二氧化碳或少量的浓糖进行二次发酵。

8.杀菌

酒液装入消毒、杀菌的瓶中,进行高温杀菌,使酵母停止作用,这样瓶中的酒液便能耐久储存。

9.包装销售

装瓶或装桶的啤酒经过最后的检查,便可贴上标签,包装销售。一般使用听装、瓶装和桶装三种包装。

二、啤酒的种类

啤酒的种类很多,口味也不一样,一方面是因为所使用的酿酒原料和酵母有所不同,另一方面主要是因为酿造方法也不一样。如前所述,啤酒的酿造方法有上发酵和下发酵两种。

上发酵是指在发酵过程中酵母上浮,发酵温度较高,同时因发酵过程中掺进了烧焦的麦芽,所产啤酒色泽较深,酒精含量也较高。这一类产品有:

1.爱尔(Ale)

是英式上发酵啤酒的总称,一般用焙烤过的麦芽和其他麦芽类的原料制成,酒体完满充实,品质浓厚,口味较苦,二氧化碳含量较低,酒精含量为4.5%。

2.淡爱尔(Mild Ale)

是一种典型的英式生啤酒,流行于英国中部和西南部地区。淡爱尔啤酒通常呈深棕色,带有焦糖味。根据英国的酿制标准,淡爱尔啤酒中只加入少量的酒花,酒精含量为2.5%~3.5%,在室温或窖温状态下饮用。

3.苦爱尔(Bitter Ale)

是英国十分流行的生啤酒,酒液呈明显的黄铜色,在酿制过程中使用大量的酒花调香,因此酒液中苦味有时很浓,酒体完美并带有麦芽味,二氧化碳的含量很低。苦爱尔酒精含量在3%~5.5%,饮用温度与淡爱尔一样。

4.司都特(Stout)

属于深色麦酒,是麦芽味较重的黑啤酒,但比较甜,啤酒花十分丰富,酒体较重。苦司都特(Bitter Stout)是爱尔兰生产的一种非常著名的啤酒,它的主要生产者是世界著名的吉尼斯酿酒公司(Guinness Brewery)。目前"吉尼斯"已被用作苦司都特啤酒的酒名,并像商标一样受到保护。这种啤酒味感鲜明,与同类啤酒相比苦味更重,酒精含量在4%~7%,在室温下饮用能充分领略其品味,夏季可以冰镇后饮用,也可以兑入香槟饮用。此外,还有奶味甜司都特和酒精含量很高的老式司都特啤酒。

5.波特(Porter)

是一种富含泡沫的麦酒,所含酒花较少,口味偏甜,但不如黑啤酒那样烈,酒质浓厚,酒精含量为4.5%。

6.威斯(Weiss)

是用小麦芽酿造的传统啤酒,并且在包装后进行二次发酵,酒液微稠,酒度在2.5%~3.0%。

下发酵是目前世界各国广泛采用的一种啤酒酿制法。啤酒酿造过程中温度较低,发酵后期酵母沉淀,因而生产出的啤酒呈金色,口味较重,富有蛇麻花香味。主要品种有:

1.拉戈(Lager)

又称淡啤酒,是所有下发酵啤酒的总称,酒质清淡,富有气泡,其生产原料为麦芽,有时会加上玉米和稻米,再加上啤酒花和水。发酵结束后经过陈酿和沉淀,再经过碳化就完成了酿造,其酒精含量为4%。

日本啤酒、美国的淡色啤酒和德国的卢云堡啤酒,苦味较淡,酒色浓郁,麦芽味重,都是采用下发酵法酿造的。

2.包克(Bock Beer)

是一种特殊酿制的浓质啤酒,许多国家生产的包克啤酒呈深棕色,而德国生产的包克啤酒色泽却较淡。这类啤酒酒体较重,比一般的啤酒甜,其生产季节性很强,通常于每年5月至秋季生产,一旦产出,便很快上市消费,不能长久保存。包克啤酒的酒精含量一般低于6%,通常在室温下饮用或根据消费者的需要,略加冰镇后饮用。

啤酒除了上述主要分类方法外，还有以下常见分类方法：

1.根据啤酒色泽分

(1)淡色啤酒(Light Beer)，色度为2EBC-14EBC单位。淡色啤酒是各类啤酒中产量最多的一种，按色泽深浅，又可以分为三种：

①淡黄色啤酒。此种啤酒大多采用色泽极浅、溶解度不高的麦芽为原料，糖化周期短，其口味清爽，酒花香味浓郁。

②金黄色啤酒。该类啤酒所采用的麦芽溶解度比淡黄色啤酒略高，因此色泽呈金黄色。啤酒口味醇和，花香味突出。为了便于识别，一般会在酒标上标注“Gold”一词。

③棕黄色啤酒。采用溶解度高的麦芽酿制，麦芽烘焙温度较高，因此麦芽色泽较深，酒液黄中带棕色，几乎接近浓色啤酒，其口味较重、浓稠。

(2)浓色啤酒(Dark Beer)，酒液色泽呈红棕色或红褐色，色度15EBC-40EBC单位。

(3)黑啤酒(Schwarbier)，色泽呈深红褐色或黑褐色，色度高于41EBC单位，该酒产量较低。

2.根据原麦汁浓度分

(1)低浓度啤酒(Small Beer)，是指原麦汁浓度10%(m/m)的啤酒。

(2)中浓度啤酒(Light Beer)，是指原麦汁浓度10%(m/m)~13%(m/m)的啤酒。

(3)高浓度啤酒(Strong Beer)，是指原麦汁浓度13%(m/m)以上的啤酒。

3.根据啤酒杀菌处理分

(1)鲜啤酒(Draught Beer)，又称为“生啤酒”。这是指生产过程中不经过低温灭菌(酵母)而销售的啤酒。这类啤酒味道鲜美，但容易变质，保质期短，通常情况下瓶装啤酒低温保质7天，桶装低温保质3天左右。

(2)熟啤酒(Pasteurimd Beer)，是指包装后经过低温灭菌(也称巴氏灭菌)的啤酒。这类啤酒保质期较长，一般可以达到3个月以上，最长可达1年。

(3)纯生啤酒(Pure Draft Beer)，这是经过无菌过滤，不经过巴氏灭菌的啤酒。这类啤酒口感新鲜，酒香清醇，口味柔和，保质期可达6个月左右。

三、世界著名啤酒

1.德国

德国是世界啤酒生产与消费的主要国家之一，拥有1500家啤酒厂，其中2/3集中在巴伐利亚地区，该地区有“德国啤酒库”之誉。德国啤酒品种有5000多种。德国啤酒依照酒液中麦汁浓度的含量分为2%~5%、8%、11%~14%、16%四种。其中，浓度为11%~14%的产量最多，约占总产量的98%。德国多生产下发酵的淡型啤酒，酒精含量为5%左右，最著名的产品有卢云堡。另外，冬季和夏季还生产包克啤酒，酒精含量高达13%，但保质期很短。慕尼黑(Munchen)啤酒是德国慕尼黑地区生产的优质啤酒，该啤酒轻快爽适，有浓郁的焦麦芽香味，口味微苦。

2.捷克和斯洛伐克

捷克和斯洛伐克以生产比尔森那(Pilsener)啤酒而闻名于世。该酒圆润柔和，口味清淡，酒精含量为5%。产品一般要在橡木桶中成熟。

3.丹麦

丹麦啤酒生产始于15世纪,历史虽短,但对世界啤酒界的影响很大。嘉士伯(Carlsberg)和特波(Tuborg)是丹麦著名的啤酒。

4.荷兰

荷兰是世界著名啤酒喜力(Heiniken)的产地。喜力啤酒公司自15世纪以来就拥有传统的啤酒,产量居世界第四位,该酒出口外销量很大,并在50多个国家设有分厂,同时在荷兰占有全国啤酒销量的60%。

5.比利时

比利时1890年开始生产拉戈(Lager)啤酒,但斯苔拉·阿多瓦(Stella Artois)是目前国内最著名的啤酒。还生产罗登巴格(Rodenbach)红爱尔啤酒、棕色爱尔啤酒、英式淡爱尔啤酒及上发酵的教堂啤酒(Abbey Beers)等。罗登巴格是独具风格的红啤酒,酒中含有乳酸味道,水果香味,它是由两种以上发酵酒液混合制成的,其中一种在橡木桶中陈酿长达18个月,该酒酒精含量为6.5%。

6.英国和爱尔兰

常见的品种有印第淡爱尔啤酒(India Pale Ale)、巴斯生啤酒(Draught Bass)等。爱尔兰以生产著名的吉尼斯黑啤酒而闻名于世(Guinness),口感丰满,颜色深褐,被称为"男子汉的饮料"。

7.美国

美国是北美著名的啤酒产地,以百威(Budweiser)、安德克(Andeker)、奥林匹亚(Olympia)和库斯(Coors)啤酒等出名。

8.日本

日本啤酒以其卓越的风味在亚太地区独占鳌头,著名品种有麒麟(Kirin)、札幌(Sapporo)、朝日(Asahi)、三得利(Suntory)等。

9.中国

中国是世界啤酒生产和消费大国,啤酒品种很多,著名的有青岛啤酒、上海啤酒、丰收牌北京啤酒、燕京啤酒、五星啤酒和白云啤酒等。青岛啤酒采用大麦为原料,用自制酒花调香,并取崂山矿泉水经两次糖化,低温发酵而成。青岛啤酒酒味醇正,酒液清澈明亮,泡沫洁白细腻,酒精含量为3.5%左右。另外,中国各地区城市都有自己的地产啤酒,品种繁多。很多著名的国际品牌啤酒在中国也有生产基地。

除上所述,新加坡的虎牌(Tiger)、澳大利亚的福斯特拉戈(Foster's Lager)、天鹅拉戈(Swan Lager)和王冠拉戈(Crown Lager)等啤酒,及菲律宾的生力(San Miguel)都是深受欢迎的啤酒品种。

四、新品牌啤酒

随着消费者消费口味的变化,以及生产工艺的发展,近几年,陆陆续续出现了一些新口味、新品牌的啤酒。

1.全麦芽啤酒

这是依据德国纯粹法,全部采用麦芽,不添加任何辅料生产的啤酒。该类啤酒生产成本较高,但是麦芽香味突出。

2.干啤酒

干啤酒属于低热量啤酒，生产过程中发酵度高，残糖低，二氧化碳含量高，故口味干爽、杀口力强。由于该类啤酒含糖量低，故广受现代消费者青睐。

3.无醇啤酒

无醇啤酒是指酒精含量低于0.5%(V/V)的啤酒。无醇啤酒是为了满足现代消费者对健康的追求，减少酒精的摄入量而应运而生的新品种啤酒。该类啤酒的生产方法与普通啤酒的生产方法一样，但是最后经过脱醇方法，将酒精分离，从而形成酒精含量极低的无醇啤酒。

4.原浆啤酒

原浆啤酒是在无菌状态下发酵，未经过高温杀菌工艺，从发酵罐中直接低温灌装的瞬间锁定新鲜度的嫩啤酒，该酒保留了大量活性酵母、活性物质及营养成分，富含氨基酸、蛋白质以及大量的钾、镁、铁、锌等微量元素，提高了人体的消化及吸收功能，并保持了啤酒原始的、最新鲜的口感。

5.小麦啤酒

是以优质的小麦芽为主要原料(占总原料40%以上)，采用上发酵或下发酵法酿制的啤酒。该类酒品生产工艺要求较高，酒的储藏期较短，酒液色泽金黄、清亮透明，泡沫洁白细腻，挂杯持久，营养丰富，口味轻、口感淡爽，具有独特的果香味。

6.白啤酒

以麦芽为主要原料生产的啤酒，酒液呈白色，清亮透明，酒花香气突出，泡沫持久，适合各种场合饮用。

7.绿啤酒

这是在生产过程中加入天然螺旋藻提取液，使啤酒呈绿色。该酒富含氨基酸和微量元素。

8.沙棘啤酒

啤酒生产中加入沙棘果汁，使啤酒有酸甜感。该啤酒含有多种维生素和氨基酸，酒液清亮、泡沫洁白细腻。

此外，还有暖啤酒、头道麦汁啤酒、菠萝啤酒等符合当今消费者口味特点的新生代啤酒品种。

五、啤酒的储存与饮用

1.啤酒储藏要求

啤酒是酿造酒品，其稳定性较差，如果储存和保管方法不当，啤酒质量将会受到影响。啤酒的储藏有以下几个方面的要求：

(1)酒库清洁卫生，干燥，无杂物；

(2)保持阴凉，无阳光直射，否则会加速降低其稳定性而产生氧化浑浊现象；

(3)啤酒应严格控制储藏温度，鲜啤酒在10℃以下，熟啤酒控制在10℃~25℃，最好在16℃左右；

(4)鲜啤酒保质期为5~7天，熟啤酒是60~120天，储存日期从生产之日算起；

(5)保证啤酒先进先出和合理堆放。

2.啤酒饮用要求

啤酒酒液中含有大量的二氧化碳气体,口味卓绝,泡沫丰富,因此对服务要求较高。

(1)杯具要求

用于啤酒饮用的杯具种类较多,但自啤酒酿制销售起至今仍被十分推崇的啤酒杯是半升至一升的带把大玻璃直筒杯(Beer Mug),要求清洁无油污。另外,很多餐厅酒吧也使用无把平底大容量啤酒杯,有多种形状。

(2)温度要求

啤酒适宜低温饮用,一般饮用前要进行冷藏,温度在3℃~5℃,正常饮用温度在4℃~7℃,特别是鲜啤酒,温度过高就会使其失去独特的风味。但啤酒的温度也不宜过低,否则会使啤酒平淡无味失去泡沫;饮用温度过高,则会产生过多的泡沫,甚至苦味太浓。

(3)斟酒技巧

斟倒前不能晃动瓶身,避免产生泡沫。应沿杯壁缓缓斟倒至杯中,通常至啤酒泡沫在杯沿下1.5~2厘米。应注意永远使用清洁杯具为客人添酒,以保证啤酒应有的口味。

本章小结

酿造酒是在含有糖分的液体中加进酵母进行发酵而生产的含酒精饮料。其主要酿酒原料是谷物和水果,可分为谷物酿造酒、果类酿造酒和其他类酿酒。

黄酒是中国古老的酒精饮料,历史悠久,分布区域广,品种繁多,风味独特。按产区、原料、风味的不同可分为四大类。

啤酒是指任何用啤酒花调香的酿制饮料,其生产原料是谷物,包括大麦、小麦、玉米、黑麦、稻谷等。主要生产国包括德国、荷兰、美国、中国等。

思考与练习

1.什么是酿造酒?其生产过程包括哪些步骤?

2.以谷物为原料生产的酿造酒有哪几类?

3.请述中国黄酒的种类及其特点,并介绍五种受消费者欢迎的著名的黄酒品牌。

4.黄酒的保管与饮用应注意的事项有哪些?

5.生产啤酒的主要原料有哪些?简述啤酒的生产过程。

6.请分别介绍五种受消费者欢迎的外国著名啤酒和五种中国著名的啤酒。

7.啤酒的储存与饮用注意事项有哪些?

8.利用周末组织学生参观当地啤酒厂,实地考察啤酒生产,请厂家介绍其啤酒的生产工艺和特点。

第3章 酿造酒——葡萄酒

☞ 学习重点

- 熟悉葡萄的种类及特点
- 了解不同葡萄酒的生产方法
- 掌握葡萄酒服务的基本要求和方法
- 熟悉不同国家葡萄酒的分类方法

从酿造酒的原料分,可分为谷物酿造酒、果类酿造酒和其他类酿造酒。本章主要介绍果物类酿造酒——葡萄酒。

第一节 葡萄酒概述

葡萄酒是世界上最为自然生成的饮料,它是以葡萄为原料经酿制而成的,属于一种酿造酒。

一、葡萄酒的发展史

有关葡萄酒的起源,至今众说纷纭。但是,葡萄酒的历史却是随着东方文明一起出现的,无论是考古发现还是史料记载都充分证明了这一点。

(一)上古时代

探寻葡萄酒的起源,需追溯至远古时期。虽然确实的年代已难考定,但据推测,早在人类进入农业时代之前,人类就已经养成了饮葡萄酒的习惯。

据考古发掘来判断,葡萄酒应该发源于中东地区。考古学家曾在大马士革附近的古遗址区挖掘出一个8000年前的葡萄压榨器,从而推测出当时中东地区的人可能已懂得粗制葡萄酒。到了公元前3000年,苏美尔人就已经开辟出人工灌溉的葡萄园,并与其他许多地区开始进行葡萄酒的贸易。

饮用葡萄酒的习惯后来被传到埃及,并在举行祭祀仪式时作为灵魂升天及沟通天神的工具,它因此代表生殖、死亡和死而复生等多重的宗教意义,神庙内经常刻绘着葡萄丰收的壁画。当时葡萄酒的产量非常稀少,只有少数的贵族才能享用,所以品尝葡萄酒又象征着拥有政治权力,在埃及法老王图坦卡门的陪葬品中,就发现了数十个装了葡萄酒的双耳陶土瓶。由此可知,发展到这个阶段,葡萄酒已不再是单纯的酒精饮料,而且具有了浓厚的宗教与政治意义。

葡萄酒被传入希腊后,获得了很大的发展,并成为希腊文化中相当重要的一部分。据考古发现,古希腊人以陶土和木质的密闭容器来盛装发酵的葡萄汁,待新酒开封时,众人聚集一起开怀畅饮,歌舞同欢。古希腊人嗜酒如命。公元前8世纪,希腊帝国开始对外扩张,葡萄酒酿造技术也随之迅速传播到黑海沿岸、意大利南部、法国南部和西班牙等地。这是葡萄酒的第一次大规模扩张。

公元前5世纪,罗马帝国兴起并逐步向外扩张。罗马人如希腊人一样酷爱饮葡萄酒,罗马人在所到之处广种葡萄,酿制葡萄美酒。于是随着罗马军队南征北讨,葡萄酒也香飘欧洲各地。罗马人除了将葡萄种植技术推广到欧洲各地,大幅度增加葡萄的产量外,还开始致力于提升葡萄的品质,包括记录种植的情形、研究不同品种葡萄的培育方法、探寻与收成相关的气候因素和地理条件,同时他们也已知道如何酿制迟摘型的葡萄酒。

(二)中世纪

西罗马帝国灭亡后,在葡萄酒的发展上,基督教会便扮演起承前启后的角色。对于基督教而言,葡萄酒是耶稣宝血的象征,所以,在基督教的宗教仪式中,葡萄酒有它不可或缺的地位。整个中世纪,基督教会的力量对葡萄园的建立和维护有很大的帮助。他们开始重新认识和鉴别葡萄酒。他们已经意识到,葡萄酒在世界上意味着豪华和舒适的享受。几个世纪里,他们拥有了许多欧洲著名的葡萄园,我们今天所熟悉的葡萄酒的风格也是慢慢从此演变而来的。

由于教会的努力,葡萄不仅在地中海地区普遍种植,而且被带往北部天气严寒、葡萄生长比较困难的地区,竟促成了寒冷气候地区葡萄酒业的发展。新大陆发现之后,更是将葡萄的种植和酿造带往世界各地。此外,由于教会组织庞大,有各类专门人才投入葡萄种植和酿造的研究,为日后葡萄酒的科学研究奠定了基础。

当时十分著名且势力庞大的两个教会——本笃会(Benedictine)和西多会(Cistercian)是在葡萄酒的发展史上最著名的两个教会。本笃会拥有并经营庞大的地产,这些地产多半用来种植葡萄以供酿酒,所酿的酒除了供修士自用外,也向大众销售。由于有不少专业人员投入葡萄的种植与酿造等方面的研究,教会的葡萄园因此日益蓬勃,成为高效率的农业组织与技术革新的楷模,奠定了日后对葡萄酒科学研究的基础。西多会到12世纪已经发展成天主教势力最大的修会,拥有大量的修道院,他们婉拒封地领主或农民的奉献,强调田园劳动,但忽视学术研究,所以西多会对葡萄酒的贡献,主要是在德国、法国等地区不断地开发葡萄园,而在葡萄的种植与酿造等技术改良上贡献较少。

当时在天主教内,除了本笃和西多两会对葡萄酒的发展有大功之外,唐·佩里尼翁修士也占有举足轻重的地位。唐·佩里尼翁修士对葡萄酒最大的贡献,就是他发现了酿造香槟酒的秘方。唐·佩里尼翁发现葡萄酒进行第二次发酵时,如果处在密闭的空间,会使因发酵而产生的二氧化碳溶于酒中,葡萄酒就会冒出细致的气泡,饮用时口味也更佳。其后他又从西班牙引进软木塞来封瓶,并且设计用铁丝圈来固定软木塞。他还辟建深邃的酒窖,防止酒瓶爆裂。经过唐·佩里尼翁这一连串技术改良,香槟酒才渐渐普受世人喜爱。

文艺复兴时期,经济上的控制权落入经商致富的中产阶级手中,整个欧洲的重心由地中海区转移到大西洋沿岸。属于欧洲文化重要部分的基督教,也随着欧洲移民传布到各殖民地。基于宗教上的需要,欧洲移民于是在各殖民地自行生产葡萄酒。

(三)近代

16世纪中叶,西班牙在美洲建立了根深蒂固的殖民帝国,移民数量接近20万人,为了酿造基督教作弥撒时用的葡萄酒,开始在智利、阿根廷及墨西哥等地试种葡萄,但规模非常小。

17世纪以后,瓶装葡萄酒的出现开始改变了欧洲几乎所有的上等葡萄酒的风格。

19世纪后半叶,从美洲传入的根瘤蚜虫病几乎将欧洲的葡萄园摧毁殆尽,直到果农将欧洲葡萄嫁接在美洲葡萄的根茎上,根瘤蚜虫的危害才得以解决。由于根瘤蚜虫引起的惨痛教训，欧洲人开始对葡萄进行科学研究，其中以法国微生物学家巴斯德的成就最大。他不仅在1857年发现酒精发酵原理，还完成了有关葡萄酒的成分、老化及变质等研究。借着学术上的新发现，加上诸如改进葡萄的选种、新品种的培育、酿造技术多方面的提高，葡萄酒达到了现代的标准。

根瘤蚜虫引起的世纪大灾难，还为葡萄酒催生了一项重要的制度，法国和德国政府制定了葡萄酒的分级制度及保护法令，同时还规定瓶中的葡萄酒必须与瓶上标签的文字记载一致，又立法惩罚私造或贩卖假酒。1936年，法国率先建立AOC法定产区管理系统，此系统不仅可管制葡萄酒的品质，而且详细规定了各种生产条件，促使各产区的葡萄酒保持其传统特色。完善的品质管理与分级系统，是葡萄酒的品质获得公信力的保证，法国葡萄酒也成为顶级佳酿的代名词。其他欧洲国家后来也陆续建立类似的分级制度，例如西班牙的DO系统，意大利的DOC和DOCG等系统。这些制度的建立，限定了葡萄酒无法与啤酒一样成为大量生产的工业化饮料。

二、葡萄的种类与种植

(一)葡萄的成分

葡萄酒最基本的原材料是葡萄，虽然从不同葡萄藤上采摘下的葡萄果实有所不同，但在其完全成熟后，它们都具有某种特有的共性。葡萄的皮、果肉、甚至种子的质量都会在酿出的葡萄酒中有所反映。

葡萄依其果皮颜色可分为白葡萄(绿皮)和黑葡萄(黑皮、红皮、紫皮)两大类。无论是白葡萄还是黑葡萄，主要均由果肉、果皮及种子组成。其中，果肉含有糖分、水分、苹果酸、酒石酸、柠檬酸和矿物质。

葡萄皮是色素、单宁、芳香物质等的来源，并包含纤维素及果胶，酵母也存在于果皮部分。葡萄皮在和果肉一起发酵过程中，由于酒精的作用，色素从皮囊中释放出来，转移到酒液中，使葡萄酒具有相应的颜色。葡萄皮还能产生一种有气味的元素，其气味有的芳香宜人，有的却令人厌恶。在许多葡萄品种的种植过程中，这种气味元素给葡萄带来一种清新的气味，这种气味在葡萄酒酒龄短时出现频繁，随着陈酿时间的延长，气味消失，酒香产生。葡萄的果皮和果肉对酿酒来说是十分重要的因素。

种子含有单宁酸和油脂成分，它们一旦释放出来将会使葡萄酒难以入口，所以在压榨葡萄时一定要小心，不可将葡萄种子压碎。

葡萄梗含有大量的单宁酸，常常包含在陈酿材料中，使葡萄酒酒度降低。因此，在多数情况下，葡萄梗在葡萄果肉和葡萄汁进行发酵之前就被去除了。

此外，葡萄中还含有水分、碳水化合物、蛋白质、氨基酸以及矿物质等。

(二)酿制葡萄酒的主要品种

葡萄酒的香味源自葡萄本身，但从目前已知的5000多种可以酿酒的葡萄中，只有约50多种可以酿造一流的葡萄酒。所有这些葡萄在欧洲已种植了几千年。

红葡萄酒和玫瑰红葡萄酒是由黑葡萄酿制而成的，葡萄皮的颜色留在葡萄汁中进行发酵。白葡萄酒既可以由白葡萄，也可以由黑葡萄酿制而成，其中的奥秘在于发酵前将葡萄皮等残渣从葡萄汁中分离出去。

无论是白葡萄还是黑葡萄都或甜或酸，但在酿造过程中，会改变其原有的味道，这就使得选择葡萄品种成为酿酒的一大艺术。

1.酿制红葡萄酒的主要品种

(1)卡本内·苏维翁(Cabernet Sauvignon)　它是世界著名的黑葡萄品种,是法国波尔多地区的代表品种。

卡本内·苏维翁所产葡萄酒的特性极强,色泽深,单宁强,酚类物质含量高,酒体强劲浑厚,酒龄较短的葡萄酒经常口味较涩,要经数年陈酿后才进入适饮期(波尔多梅多克(Medoc)地区所产的葡萄酒要经过至少10年以上的陈酿)。其酒香以红色果实如黑加仑、黑樱桃和李子等香气为主,也含有植物性香,如青胡椒等,还有烘焙香,如咖啡和烟熏味。

由于这种葡萄酿制的红酒具有独特的风味,所以许多产葡萄酒的国家和地区如澳大利亚、南非、美国加州、智利、中国等也把它作为酿制优质红葡萄酒的首选品种。

(2)梅洛(Merlot)　它是波尔多地区最为广泛种植的品种,由它酿造出的葡萄酒柔和芳香,在波尔多地区的梅多克产区,经常用它同卡本内·苏维翁酿制的葡萄酒进行调配。即使不调配,在波尔多地区的圣·艾米莉(St·Emillion)和伯姆龙(Pomerol)、意大利、澳洲和美国加州也能酿制出上等的葡萄酒,有世界价格最贵葡萄酒之称的彼德律酒庄(Chateau Petrus),即主要以梅洛葡萄酿成。目前,此种葡萄在中国也有种植。

(3)佳美(Gamay)　该品种是勃艮第最重要的品种,著名的薄酒莱葡萄酒(Beaujolais)即以佳美葡萄酿造。用佳美生产的葡萄酒颜色呈淡紫色,单宁含量非常低,口感清淡,富含新鲜果香,通常不宜久存,简单易饮,属于酒龄短时即喝的葡萄酒。但若生长在火成页岩、石灰含量少的土质上,它也能生产出丰厚浓郁久存的红葡萄酒。此种葡萄在中国现有一定规模的种植,如青岛的华东酒厂即有佳美葡萄酒出品。

(4)黑比诺(Pinot Noir)　以生产勃艮第红葡萄酒而著名,是勃艮第地区唯一的红酒品种,属早熟型,产量小且不稳定,适合较寒冷气候,对生长环境的要求较高,生成的酒结构严谨,口感丰厚,适合长期陈酿,酒品龄短时以果香为主,陈年后则变化丰富。上乘的黑比诺,出自勃艮第的金丘,是由黑比诺葡萄酿制的世界上最高级尊贵的红酒之一。

(5)希哈(Syrah)　在澳大利亚,希哈品种被称作Shiraz和Hermitage。法国隆河谷地产区是其原产地,也是最佳产地。它可酿出色泽深暗、质地稠密、口感强烈的红酒。但它在酒龄短时单宁含量较高,故宜储存3年以上再配食物饮用为佳。成熟的希哈酒带有黑醋栗和杉木的清香,并有混合的香料气味。在法国,希哈也用于同其他品种的葡萄酒进行调配。最好的希哈葡萄酒酿制于低产量的葡萄园,产量过高会降低葡萄酒的质量。

(6)品丽珠(Cabernet Franc)　作为卡本内·苏维翁的近亲,该品种的原产地一般被视为是波尔多地区。然而,在卢瓦尔(Loire)和法国其他一些地区以及美国的东部和西部的一些州也种植该品种。该品种的习性与卡本内·苏维翁一样,易于管理,长势很好,而且产量也大,然而与卡本内·苏维翁相比易受霉菌的侵蚀。在波尔多地区主要用来和卡本内·苏维翁、梅洛混合酿造葡萄酒。

2.酿制白葡萄酒的主要品种

(1)莎当妮(Chardonnay)　源产自法国的勃艮第,是目前全世界最受欢迎的酿酒葡萄,属早熟型品种。由于适合各类型气候,耐寒,产量高且稳定,容易栽培,几乎已在全球各产酒区普遍种植。莎当妮是白葡萄酒中最适合橡木桶培养的品种,其酒香味浓郁。莎当妮以生产干白葡萄酒和气泡酒为主。目前,莎当妮在澳大利亚、美国加州、意大利、南非、智利、阿根廷、保加利亚等国家和地区得到广泛种植。中国葡萄酒产区的莎当妮种植,近年来也得到了快速发展。

(2)雷司令(又称薏丝琳,Riesling) 该品种是德国最重要的葡萄品种,目前在中国也有广泛种植。它与其他葡萄品种有着显著的不同,果实的表面是“白色”的,好像上面裹了一层面粉。雷司令属晚熟型,适合大陆性气候,耐冷,多种植于向阳的斜坡及沙质黏土,产量大,为优质葡萄品种中的最高级品,所产葡萄酒特性明显,酸甜度平衡,丰富细致、均衡,非常适合久存。雷司令酿制的葡萄酒大多数是干型的,不过也经常有半干型的。中欧最有名的雷司令葡萄酒非常甜,它是用“贵腐”葡萄酿制成的。

(3)塞米雍葡萄(Semillon) 原产自法国波尔多区,适合温和型气候,产量大,颗粒小,糖分高,易氧化。用它生产的干白葡萄酒品种特色不明显,酒香淡,口感厚实,酸度经常不足,适合酒龄短时饮用。它以生产贵腐葡萄酒而著名,酿制成的葡萄酒经数十年口感仍甜而不腻,厚实香醇。

(4)白苏维浓葡萄(Sauvignon Blanc) 原产自法国波尔多。主要用来酿制酒龄短的干白酒,或混合塞米雍葡萄以制造贵腐白酒。以此酿制的葡萄酒最大的特色,在于口感强烈和青苹果的清香,酒酸味强、辛辣味重。适合酒龄短时品尝。此外,有些产区混合塞米雍,经木桶发酵培养的干白酒,较为圆润细致且耐久存。

(5)白谢宁(Chenin Blanc) 这是法国的卢瓦尔谷地唯一允许用来生产白葡萄酒的品种。所产葡萄酒常有蜂蜜香和花香,口味浓,酸度强,其中白葡萄酒和气泡酒品质不错,大多适合于酒龄短时饮用,也可久存。同时,它还可以用于生产晚摘和贵腐甜白葡萄酒,这种葡萄在美国加利福尼亚、澳大利亚、南非和南美栽培得都很普遍。

(三)葡萄的种植

酿酒学家认为,影响葡萄酒质量的因素有四个:即土壤、气候、葡萄品种和人。当然还有其他少数影响因素,如主酵母等。但这四个要素中最基本的、最为重要的是葡萄品种,其次是土壤。

1.土壤

种植葡萄的土壤中各种成分对酿出的葡萄酒质量有很大影响。一般来说不适合农作物生长的土壤往往能生长出酿造优质葡萄酒所需的葡萄,土壤过于肥沃,葡萄可能会丰收,但是这种葡萄却不能酿出好的葡萄酒。白垩、石灰石和沙砾等都是适合葡萄生长的优质土壤,如法国勃艮第地区的鲕岩碎石土壤,香槟地区几乎贫瘠的石灰岩土壤,波尔多地区的沙砾土壤,以及德国摩泽尔河谷地区的板岩土壤种植的葡萄都生产出了大量世界著名的葡萄酒。贫瘠的土地中还含有大量的微量元素,这些微量元素不但渗透到葡萄中,而且也自然而然地渗入酿成的葡萄酒中,从而对葡萄酒的口味及香气都有很大的影响。这些元素包括铜、铁、钴、硅、碘、镍、锌、钼等矿物质和氧、氮、氢等气体元素,它们通常含量极小,而过于浓密会严重损害葡萄及葡萄酒的质量。此外,土壤的排水对葡萄生长也有一定影响,土壤的排水能力取决于土壤颗粒的大小和土层的厚度,颗粒太细会阻止水分的吸收,颗粒太大又会使排水过快。土壤中的矿物质由于排水作用会被带到底层,但由于葡萄的根扎得很深,所以还可以继续吸收这些矿物质。

2.气候

气候对葡萄的生长有很大的影响,而温度和降雨量的影响尤其突出。最为理想的气候条件是冬季寒温适中、伴有适量雨水,夏季炎热而漫长,有足够但不是太多的雨水。夏季要有足够的阳光和高温,以便葡萄成熟并产生一定的葡萄糖,只有这样才能在发酵后获得含有一定酒精的葡萄酒。五月份是葡萄开花打蕾的季节,如果有霜冻,将会使葡萄颗粒无收;夏末的冰雹或强风也会使满架的葡萄荡然无存;秋季第一次寒流过后葡萄进入休眠状态,果木变得坚硬;冬季过于寒冷又会将果木冻死。在有霜冻的地区,把葡萄种在山坡上可以减轻霜冻带来的损失,这是因为冷空气比热空气重,冷空气下沉时把热空气沿斜坡向上挤,使葡萄园处在气温相对较高的状态下。

河流对于葡萄种植园的气候也有一定的影响,靠近葡萄园的大片水域能够在葡萄园上空形成相对稳定的气候,并影响陆地上的气温。因为在水温和气温相同的情况下,水需要三倍于土壤所需要的热量,这样水温在下降时其速度就要比土壤慢三倍,从而使气温下降时水中的热量释放出来,均衡附近地区的气温。地势与气温也有关系,地势越高,气温越低,所以一般海拔1000米以上就不能栽种葡萄,葡萄种植园的理想高度是海拔400~600米。

3.葡萄品种

除了葡萄种植的土壤和气候条件外,选择优良的葡萄品种也很重要。以法国勃艮第地区为例,该地区最珍贵的红葡萄品种是科多尔(Cote D'or)的黑比诺以及薄酒莱以南30多英里处的佳美,即使在这么短的距离内,其区别也相当大,佳美葡萄在科多尔地区只能生产普通葡萄酒,黑比诺在薄酒莱只能生产平淡无味的葡萄酒。

葡萄品种的确定固然重要,但葡萄品种的栽培方法也很有讲究,每个葡萄种植园都有自己独特的葡萄栽培方法,而且都是世代延续下来的传统方法,一般都不愿改变。因此,我们在不同的葡萄园可以看到有的葡萄架有一人多高,有的却只有半人高,有的葡萄藤独株生长,有的合株而生。葡萄的栽培方法与所吸收的阳光和地面散发出的热量有一定的关系,甚至连每株葡萄藤上葡萄果实的多少都会对酿酒造成很大的影响。

4.人

在葡萄的种植和葡萄酒的酿制过程中,人虽不是唯一的决定因素,但也是最主要的因素之一。因为从葡萄的栽培、种植管理、收获到葡萄酒的酿制,一系列工作都是由人来完成的。特别是在葡萄收获以后,主要依靠酿酒工人的技术来酿造葡萄酒。葡萄的破碎、压榨、发酵,葡萄酒的倒桶、陈酿、澄清等每个步骤,都必须由酿酒师认真地完成,才能酿出芬芳宜人的葡萄酒。

有些专家还将年运(Luck of Year)作为影响葡萄酒质量的一个因素。所谓年运,主要是指当年的自然气候,如阳光充足、雨量适中等,但还有一个重要因素就是病虫害的影响。因此,年运也是决定葡萄酒质量的非人工因素之一。很多国外著名的葡萄酒在商标上都标有生产年份,有的年份甚至是葡萄酒的标志。

第二节 葡萄酒的生产与服务

一、葡萄酒的种类

(一)葡萄酒的定义

葡萄酒是以100%新采摘的葡萄,按照当地传统方法压榨、发酵而生产的含酒精饮料。

(二)葡萄酒的种类

葡萄酒的分类方法也很多,主要有以下几种:

1.按酒的颜色可分为三类

(1)红葡萄酒。

(2)白葡萄酒。

(3)玫瑰红葡萄酒。

2.按葡萄酒的含糖量可分为四种

(1)干型葡萄酒,酒中含糖量在0.5%以下,口感酸而不甜。

(2)半干型葡萄酒,含糖量在0.5%~1.2%,口感有微弱的甜味。

(3)半甜型葡萄酒,含糖量在1.2%~5%,口感较甜。

(4)甜型葡萄酒,含糖量在5%以上,口感很甜。

3.按含气状态可分为两类

(1)静态葡萄酒(Stilled Wine),指不含二氧化碳气体的葡萄酒。

(2)起泡葡萄酒(Sparkling Wine),主要是将酿造过程中自然生成的二氧化碳气体保留在葡萄酒中,这种天然汽酒以法国香槟酒为代表。还有一种人工汽酒,是在葡萄酒中用人工方法加入二氧化碳气体,从而形成葡萄汽酒。

4.按照饮用习惯可分为三种

(1)餐前酒;(2)佐餐酒;(3)餐后甜酒。

二、葡萄酒的酿造

葡萄酒的酿造过程是:

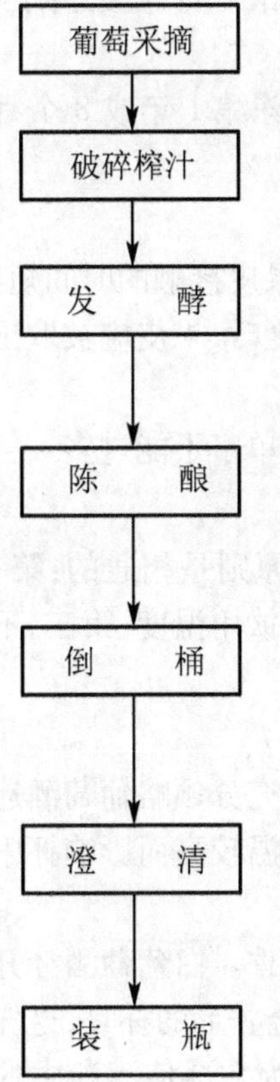

每年的九十月是葡萄的成熟期,葡农们统一进园开始葡萄的采摘工作。葡萄的采摘通常都是由手工完成。

葡萄采摘下来后必须在24小时内送入酿酒厂进行破碎和榨汁处理。

将新鲜的葡萄汁放入发酵桶中进行发酵。在发酵过程中,葡萄中的酶菌和酵母与葡萄糖作用后产生酒精和二氧化碳,当酒精含量达到13%~15%时,发酵自动停止。

发酵完成后的葡萄酒是不能立即饮用的,需要将它陈酿,使葡萄酒的清香浓郁、甘醇丰润的独特品质逐渐形成。

陈酿阶段,葡萄酒处于相对静止状态,发酵中的微粒会慢慢沉入酒液底部,因此,必须进行倒桶处理,即将酒液从一个桶中抽入到另外一个干净的经过消毒的木桶中,使酒糟或沉积物留在原桶中。

澄清是使葡萄酒更加洁净的一个重要过程。它是在木桶中加入胶质材料,胶料自凝,吸收酒中的悬浮微粒并沉入桶底。澄清不仅能保证葡萄酒绝对清澈,排除一切漂浮物质,还有助于葡萄酒的相对稳定。

经过上述过程,葡萄酒的酿制基本完成,可以装瓶销售了。葡萄酒装瓶后,酒质一般不会再发生变化。

(一)红葡萄酒的酿造

红葡萄酒是用红葡萄和黑葡萄酿制而成的。葡萄经过破碎压榨以后,果皮、果肉和葡萄汁一起发酵,发酵结束后,根据各地的具体情况陈酿一段时间就可以饮用了。

红葡萄酒在发酵期间,会从果肉和果皮中析出大量的色素和单宁,从而使红葡萄酒富有色彩。葡萄酒在发酵槽中发酵结束后,酒液被装入橡木桶中进行陈酿,使其澄清和去除酒糟,并在装瓶之前完成一切化学变化。

红葡萄酒的倒桶工作一般第一年进行4次,如果酒产量不大,年底就可以装瓶,或直接从桶中销售。优质红葡萄酒要在桶中进一步陈酿一年,并进行2~3次倒桶。这一年葡萄酒的变化不明显,颜色变深,香味变浓,并由于与木桶的接触而日趋芳醇,形成自己的特色。

澄清不仅能保证葡萄酒绝对清澈,同时也能提高葡萄酒的香味和酒的均衡,并使洁净的葡萄酒在瓶中保留的时间更长。

(二)白葡萄酒的酿造

白葡萄酒既可以用青葡萄和白葡萄酿制,也可以用红葡萄和和黑葡萄的葡萄汁酿制而成。葡萄采摘后应立即碾碎、压榨,将葡萄汁收入发酵槽进行发酵。其生产过程中最为重要的是在尽可能的情况下尽早将葡萄汁与葡萄皮分开。

白葡萄酒有甜型和干型之分,其酿制方法也有区别,关键取决于糖分转化成酒精的程度如何。甜白葡萄酒是酒度达到15%~16%后终止发酵,而干白葡萄酒则使糖分彻底地发酵。

白葡萄酒既可以利用大槽进行发酵,也可以在60加仑的木桶中进行发酵。第一次发酵结束后便可以进行倒桶处理。在许多地区,第一次倒桶要非常轻,以防止搅动起来的沉淀物阻止第二次发酵,从而减少葡萄酒的含量。第二次发酵结束后,酒石酸和柠檬酸达到了最佳含量,酒的酸度得到进一步调整。

干白葡萄酒装瓶一般早于甜白葡萄酒,通常干白葡萄酒在桶中陈酿1年或8个月便可以进行过滤、澄清、倒桶、装瓶或连桶销售。

(三)玫瑰红葡萄酒的酿造

玫瑰红葡萄酒的制作过程在开始时与红葡萄酒一样,不过酒和果皮接触的时间短得多,因为果皮留在酒里时间越长,酒越红。所以当酒的颜色达到粉红程度时,果皮应被取出并将酒装入另外的容器内继续发酵。

由于玫瑰红葡萄酒都是在制成后较短时间内饮用,所以,酒中的单宁不能过多。

三、葡萄酒的饮用

不同种类葡萄酒的饮用方法和过程也不尽相同,但有一些基本原则是相通的:第一,不同的葡萄酒应使用与之相应的酒杯;第二,不同的葡萄酒需要不同的饮用温度;第三,不同的葡萄酒要与相应的菜肴进行搭配。

(一)杯具要求

葡萄酒杯应该无色、晶莹透明,杯身无气泡,这样,饮酒者便可以充分领略葡萄酒迷人的色彩。通常情况下,葡萄酒杯都是高脚杯,这样饮酒时就不至于因手温较高而影响杯中葡萄酒的温度。

通常,红葡萄酒杯开口较大,以使红葡萄酒在杯中充分挥发其芳香。白葡萄酒杯开口较小,为的是保持葡萄酒的香味。香槟酒或葡萄汽酒应该用笛形或郁金香形的杯具,这样可以很好地保持酒中的气泡。浅碟香槟杯并不是香槟酒理想的杯具,因为它会使酒液中的二氧化碳气体迅速挥发,而在杯中留下平淡无味的酒液。

(二)温度要求

葡萄酒的饮用和服务温度因其不同种类而有所不同,一般来说,白葡萄酒和葡萄汽酒要经过冰镇,低温饮用,但如果温度太低也不适宜,葡萄汽酒维持一定的低温可以较好地保持其气泡,保证足够的品味。红葡萄酒要在室温条件下饮用,温度过高则枯燥无味。一些主要的葡萄酒品种的饮用温度为:

干白葡萄酒10℃,甜白葡萄酒12℃~13℃,优质白葡萄酒15℃,波特酒18.8℃,甜型雪利酒17.2℃,香槟汽酒7.7℃。

(三)服务要求及服务方法

葡萄酒的品种不同,服务方式也就不一样。葡萄酒的服务一般由餐厅服务员负责,在比较高级的西餐厅里,则由精通酒水知识的专职侍酒员负责。葡萄酒服务程序大致包括以下几个步骤:递酒单、接订单、客人验酒、开瓶、酿酒、倒酒等。

1.递酒单

服务中给客人递呈酒单和接受订单方法与餐厅服务基本一样,递酒单的程序一般是先女宾后男宾,先主人后客人,有时应根据主人的要求,直接递给客人点单。此外,酒单最好打开至第一页递给客人。

2.接订单

接受客人订单时要迅速准确地记下客人所点要的酒品。如果客人不太精通酒水知识,显得无所适从时,服务员或侍酒员应给予善意的推荐,但切不可硬行推销。客人点完酒后,服务员应清楚地重复一遍客人所点酒水,以免出现差错。

3.客人验酒

客人验酒这一步骤,是将酒从酒吧或酒窖取出后让客人实际检查一下是否正确,进行再一次确认,做到万无一失。验酒时首先应擦净酒瓶外表的灰尘,并检查酒标是否清洁完整,尽量不要把酒标已霉变的葡萄酒拿上桌;给客人查看时要把酒标朝着客人。

4.开瓶

开瓶是葡萄酒服务中的重要一环,葡萄酒的开瓶方法如下:

(1)示酒。

(2)用开瓶钻上的小刀沿瓶口下沿割断酒瓶盖锡封。

(3)把瓶塞擦拭干净。

(4)从软木塞的中心轻轻把螺旋拔旋进木塞。

(5)通过开瓶钻上的杠杆轻轻把木塞拔出,应注意用力均匀,避免用力过猛而使木塞破碎。

(6)旋出木塞,检查一下有无变质现象,然后递给客人进一步确认。

(7)用餐巾擦净瓶口内部,准备斟给客人。

香槟酒开瓶时要特别注意必须左手大拇指压住瓶塞,右手拧开铁丝罩,然后左手轻轻转动酒瓶,利用瓶内压力把瓶塞推出。注意不要把瓶口对着自己或客人,以免发生意外。打开瓶塞时声音不宜太大。为了防止开瓶时瓶内压力过大,在拿香槟酒时不应摇晃。

5.醒酒

所谓醒酒,就是将开瓶后的葡萄酒倒入醒酒器,让葡萄酒与空气中的氧气充分接触,因此，醒酒的过程实际上是葡萄酒进一步氧化的过程。醒酒一般只对红葡萄酒有效，白葡萄酒不需要该程序。因为红葡萄酒中含有大量的单宁酸，通过醒酒可以降低单宁酸的酸涩度，使酒液口感更加醇和，酸涩度更低。

醒酒的器具种类繁多，但都具有一个共同点，就是尽量让酒液与空气的接触面大一些，这样，红葡萄酒可以在短时间内与氧气接触，快速去除葡萄酒内的单宁酸带来的酸涩味道，让葡萄酒更佳适口怡人。

6.倒酒

给客人倒酒前必须先在主人杯中倒少许，让主人品尝；得到主人认可后，从主人右侧的客人开始按顺时针方向给客人斟酒。一般红葡萄酒倒五成，白葡萄酒倒七成，这样可以使葡萄酒在杯中进一步完善，从而更加芬芳爽口。

在比较高级的西餐厅，若饮用较高级的红葡萄酒时，还应先滗酒，以免把沉淀物倒入杯中。滗酒的方法是准备一只滗酒瓶、一支蜡烛后，轻轻倾斜酒瓶，把酒液慢慢流入滗酒瓶中。注意动作要轻，不要搅起瓶底的沉淀物，对着烛光直到酒液全部滗完，然后再把酒斟给客人。目前，一些高档餐厅使用专门的机械式滗酒器进行滗酒，以减少操作中的震动，使滗酒更加充分。

一般红葡萄酒需使用酒篮服务；白葡萄酒为了保证充分冰冻，通常放在冰桶中送进餐厅侍客服务；香槟和葡萄汽酒也要放进冰桶，经过冰冻以后提供给客人。

此外，葡萄酒在服务过程中还应注意以下几点：

(1)永远用右手拿瓶给客人斟酒，拿瓶时手要牢牢握住酒瓶下部，不要捏住瓶颈。

(2)倒酒时要注意倒好后转一下酒瓶，让瓶口最后一滴滴到杯中，尽量不要滴到桌上。

(3)给客人添酒时先征询一下客人的意见。

(4)按标准斟酒，不要斟得太满。

(四)葡萄酒与菜肴的搭配

葡萄酒与菜肴的搭配是西餐用餐中的一门艺术。人们经过长期的实践和不断的经验总结，归纳出了一些最基本的原则，那就是白葡萄酒与白色的肉类食物，如鸡、鱼肉、奶油、水牛肉类、海产等搭配；红葡萄酒与红色的肉类食物，如牛肉、猪肉、鸭和野味等搭配。菜肴越是味浓，所搭配的葡萄酒也应越浓烈。

通常调味汁中带有醋的沙拉是不能与葡萄酒搭配的。同样，咖喱和巧克力以及带有巧克力的甜品也不适合同葡萄酒一起食用，因为带醋的调味汁会同葡萄酒相抵触并产生很不柔和的味道，咖喱的辣味会抹杀好酒的细腻口味，巧克力很甜并带有特殊的味道，任何酒即使是很浓烈的葡萄酒也会被巧克力的味道压制住。

甜型葡萄酒会使食欲减退，所以一般不应在餐前饮用，而应在餐后吃甜品时一道饮用。西餐中常用葡萄酒烹制菜肴，这样的菜肴烹饪时必须使用同一种酒来搭配。香槟酒几乎可以同所有食物搭配，并可以在整个用餐过程中饮用。

四、葡萄酒酒标识别

酒标签就好像酒的身份证一样，上面标示了有关该瓶酒的重要信息，酒标也是在选购葡萄酒时的重要依据。

1.葡萄酒标的内容

在酒瓶上通常可以看到的标签有两种，一种是原产国酒厂的酒标签(就是一般所说的正标),另一种则是进口商或者是原产国酒厂按进口商及政府的规定附上的中文酒标签(背标)。

酒标签常见的内容有以下几项:(1)葡萄品种;(2)葡萄酒名称;(3)收成年份;(4)等级;(5)产区;(6)装瓶者;(7)酒厂名;(8)产酒国名;(9)净含量;(10)酒精浓度。

(1)葡萄品种。并不是所有葡萄酒瓶上都会标示葡萄种类。澳、美等生产国规定一瓶酒中含某种葡萄75%以上,才能在瓶上标示该品种名称。传统的欧洲葡萄产区则各有不同的规定,如德、法,标签上如果出现某种葡萄品种名称时,表示该酒至少有85%是使用该种葡萄所酿制的。新世界的酒标上较常看到标示品种名称。

(2)葡萄酒名称。葡萄酒的名称通常会是酒庄的名称,也有可能是庄园主特定的名称,甚至可能是产区名称。

(3)收成年份。酒瓶上标示的年份为葡萄的收成年份。欧洲传统各产区,特别是在北方的葡萄种植区,由于气候不如澳、美等新世界产区稳定,所以品质随年份的不同有很大的差异。在购买葡萄酒时,年份也是一项重要参考因素。如未标示年份则表示该酒由不同年份的葡萄混成,除了少数(如汽酒、加度酒等)例外,都是品质不算好的葡萄酒。

(4)等级。葡萄酒生产国通常都有严格的品质管制,各国的酒等级划分方法不同,通常旧世界的产品,由酒标可看出它的等级高低。但新世界由于没有分级制度,所以没有标出。

(5)产区。就传统葡萄酒生产地来说,酒标上的产区名称是一项重要信息。知道是某产区的酒,就大略知道该酒的特色、口味。某些葡萄酒产地的名称几乎等于该瓶酒的名气。

(6)装瓶者。装瓶者不一定和酿酒者相同。酿酒厂自行装瓶的葡萄酒会标示"原酒庄装瓶"。一般来说会比酒商装瓶的酒来得珍贵。

(7)酒厂名。著名的酿酒厂常是品质的保证。以勃艮第为例,同一座葡萄园可能为多位生产者或酒商所拥有,因此选购时若只看产区,有时很难分辨出好坏,此时酒厂的声誉就是一项重要参考指标。而新世界的产品一般生产者和装瓶者都是同一企业。

(8)产酒国名。该瓶葡萄酒的生产国。

(9)净含量。葡萄酒一般容量皆为750ml,也有专为酒量较小的人所设计的375ml、250ml和185ml容量的葡萄酒和为多人饮用和宴会设计的1500ml、3000ml和6000ml容量的产品。

(10)酒精浓度。通常以(°)或(%)表示酒精浓度。葡萄酒的酒精浓度通常在8%~15%,但是波特酒、雪利酒等的浓度比较高(18%~23%),而德国的白酒酒精含量一般较低(10%以下),且酒带有甜味。

2.新世界酒标

新世界葡萄酒的酒标较为清晰明了,而且都用英文,所以较易看懂。对新世界的酒标最主要的内容是酒名(或品牌)、所用葡萄品种和产区名。年份则次之,因为新世界的气候相对稳定,大部分酒年份对品质影响的意义不是太大。

3.波尔多酒标

法国酒标签中极重要的是产地名称,因为产地名称几乎等于是该酒的名称。此外,法国的分级制度中,若是属于较好的AOC(法定产区酒)级酒,则酒标上也会突出该酒的产地名称。

4.勃艮第酒标

勃艮第葡萄酒的产区、年份是最重要的信息,其次是装瓶酒厂。

5. 法国葡萄酒标签语言含义

词汇	说明
Appellation d'Origine	法定产区管制
Appellation controlee	(AOC)法定产区等级葡萄酒
V.D.Q.S.	准法定产区酒(第二等级葡萄酒)
Vin de Pays	优良餐酒
Vin de Table	日常餐酒
Blanc de Noirs	红葡萄酿的香槟酒
Blanc de Blancs	白葡萄酿的香槟酒
Domaine	独立酒田,拥有葡萄园但没有酿酒厂,在布根地产区多以此名称称之
Chateau	酒庄或酒堡,波尔多产区多以此称之,也是庄园酒的代名词
Cave cooperative	合作酒厂
Commune	乡社,大产区的次产区中再细分的小产区(如波尔多上美度善依乐乡社)
Cru	产地、葡萄园
Vin de cru	名贵产地的葡萄酒
Grand cru	代表波尔多的列级名庄或布根地的特级名园地
Cru Bourgeois	名星酒庄(或称中产酒庄)品质优秀,售价合理产品
Cremant	气酒,葡萄酒的一种,保留发酵时的二氧化碳就成了气酒
Nouveau	新酒,用当年采收的葡萄所酿成的葡萄酒,如宝祖利新酒
Mise en bouteilles au (Chateau)	原酒庄装瓶酒,对酒的品质非常有保障
Vendanges Tardives	"晚收成"的酒,口味有甜、不甜,酒精浓度较高,风味较浓郁
Selection de Grains Nobles	贵族酒(采收葡萄在成熟时受贵族霉侵蚀而变成干萎的葡萄粒所酿成的葡萄酒),风味浓郁且余味悠长,产于波尔多的 Sauternes 区,相当于德国最高等级 Trockenbeerennauslese 的酒
Societe	成立公司组织来管理 Chateau(酒庄),酒标上就会标上 Societe

6.意大利葡萄酒标签语言

意大利葡萄酒品质管理与分级制度是 20 世纪 60 年代才开始的。实施后,意大利酒才开始提升。不过由于分级制度并不完善,不一定能保证产品品质,往往只说明酒的出处及该区的法定条件。

词汇	说明
Vino da-Tavola	日常餐酒(无产区管制标示),相当于法国 VDT
Indicazione Geoarafica Tipica	IGT 级别是指该酒没有一定按照该法定产区的严格规定种植葡萄品种和酿酒。但由于生产的自由度较大,所以其中有不少酒的质量是意大利的顶级酒,可媲美法国的列级名庄。对于葡萄酒爱好者和酒商来说,IGT 是一个非常具挑战性的寻宝园
DOC	法定产区酒,相当于法国 AOC
DOCG	高级法定产区酒,意大利酒最高级
Annata	酿酒年份
Vendemmia	葡萄收获年份
Abboccato	微甜
Amabile	中度甜酒
Asciutto, Secco	不甜
Cantina	酒厂
Cantlna sociale	合作社
Cooperativa viticola	酒农合作社
Dolce	甜
Fattoria, Tenuta	葡萄园
Imbottigliato	装瓶
Origine	产地
Rosate, Vino	玫瑰红酒
Ripasso	表示口感较重
Spumante	气酒
Superiore	表示酒精浓度较高,意大利最受欢迎的白酒之一 Soave,口感清淡、不甜,若标有“Superiore”,表该酒比一般 Soave 口感较浓郁、酒精度较高
Vino novella	新酒

7.德国葡萄酒酒标语言

德国的酒标签虽然不易看懂,不过分级制度严谨,德国于 1971 年实施葡萄酒分级制度,葡萄的含糖量是决定等级的要素。只要记住日常餐酒、乡土餐酒、法定产区酒和优质法定产区酒的六个等级的关键字,就可以区分该酒的品质。

词汇	说明
Q.b.A	Qualitatswein bestimmter Anbaugebiete 的简写，优质葡萄酒
Q.m.P	Qualitatswein mit Praikat 的简写，著名产地优质酒
Kabinet	一般葡萄酒
Spatlese	晚摘葡萄酒
Auslese	贵族霉葡萄酒
Beerenauslese	精选贵族霉葡萄酒
Trockenbeerenauslese	精选干颗粒贵族霉葡萄酒
Eiswein	冰葡萄酒
Qualitatswein	著名产地监制葡萄酒
Tafelwein	日常餐酒，相当于法国的 VDT
Landwein	地区乡土葡萄酒，德国普通佐餐酒，等同于法国 VDP 级别
Abfuler	装瓶者
Anreichern	增甜
Erzeugerabfullung	酿酒者装瓶
Halbtrocken	微甜
Herb	微酸
Heuriger	当令酒，类似新酒
Jahrgang	年份
Jungwein	新酒
Sekt	气酒
Trocken	不甜（与 Herb 所指不同）
地名+er	表示"~ 的"或"来自"的意思，例如"Kallstadter Saumagen"表示，该酒产自 Kallstadter 村庄，名叫 Saumagen 的葡萄园

第三节　法国葡萄酒

世界上许多国家都生产葡萄酒，但从葡萄种植面积、葡萄酒产量以及葡萄品种来讲，以欧洲最为重要。欧洲著名的葡萄酒产地有法国、意大利、德国、西班牙、葡萄牙等国。此外，美国、澳大利亚、智利等都是比较著名的葡萄酒生产国。

法国是世界上葡萄酒生产历史最早的国家之一,不仅葡萄种植园面积广大,葡萄酒产量大,葡萄酒消费量大,而且葡萄酒质量也是世界首屈一指的。法国变化万千的地质条件,得天独厚的温和气候,提供了葡萄优良品种成长所需的最佳条件;再加上传统与现代并存的技术,以及严格的品质管制系统,构成了这个最令人向往的葡萄酒天堂。

一、法国葡萄酒的分级制度

法国葡萄酒的品质管制与分级系统非常完善,从 1936 年就已经开始运作,被许多葡萄酒生产国用来当作品质管制及分级的典范。

欧洲共同体(E.E.C.)规定葡萄酒分两大类,即"佐餐葡萄酒"(Vin de Table)和"特定地区葡萄酒"(简称 VQPRD)。在法国,每类又可一分为二,因此,法国葡萄酒分四大类:法定产区葡萄酒(AOC)、优良地区葡萄酒(VDQS)、当地产葡萄酒(Vins de Pays)、佐餐葡萄酒(Vins de Table)。

为简单起见,可以将法国葡萄酒品种用金字塔形来显示,最底层是最简单的葡萄酒,顶部是佳酿 AOC 葡萄酒。

(一)佐餐葡萄酒(Vins de Table)

(1)这类葡萄酒的酒精度必须不低于 8.5 度,也不得高于 15 度,它们可以是不同地区甚至不同国家葡萄酒的混合品。

(2)如果该混合酒全由法国产品混合而成,那么将冠以"法国佐餐酒"(Vin de Table de France)。

(3)如果是由欧共体市场国葡萄酒混合而成的佐餐葡萄酒,将被称为"欧洲共同体国家葡萄酒的混合品"。

(4)如果是由共同体国家的葡萄汁在法国酿制,则命名为"某某国提供葡萄汁法国酿造葡萄酒"(葡萄汁出产国的名称写上)。

(5)严禁使用共同体市场以外国家生产的葡萄酒配制该类酒。

这类酒通常以商标名出售,因生产厂家不同而质量和特性各异,但有一点是肯定的,即生产厂家尽力通过混配各种产品来满足消费者的口味,而这些产品能保持该公司的质量和特点。

(二)当地产葡萄酒(Vins de Pays,又称乡土葡萄酒)

该类酒只能用经认可的葡萄品种进行酿造,且葡萄品种必须是酒标上所标明地名的当地产品。此外,还必须具备:①在地中海地区自然酒精含量不得低于 10 度,在其他地区不得低于 9~9.5 度;②具有一定的分析和品味特性,控制方法为化学方式和品尝试验。

(三)优良地区葡萄酒(VDQS)

"VDQS"是 Appellation d'Origine Vins Déimités de Qualitée Supéieur 的缩写,又称为优良地区葡萄酒。

这类葡萄酒的生产必须经过"国家原产地地名协会"严格控制和管理,优良地区葡萄酒生产的条件都有明确规定,并以地方惯例为基础。

这些条件包括:生产地区、使用的葡萄品种、最低酒精含量、单位面积最高产量、葡萄种植方法、葡萄酒酿制方法等。

在顺利地通过官方委员会进行的品尝试验之前,这类酒不能从地方企业联合会取得 VDQS 的标签。

(四)法定产区葡萄酒(AOC)

"AOC"是 Appellation d'Origine Controlée 的缩写。

对该类葡萄酒进行控制的法规,比对 VDQS 酒进行控制的法规还要严格得多。这些法规涉及生产、葡萄品种、最低酒精含量、单位面积最高产量、葡萄栽培方法、酿酒方法,有时甚至包括贮藏和陈酿条件等。

生产"法定产区葡萄酒"地区的确定,比生产优良地区葡萄酒地区的确定要严格得多。优良地区葡萄酒在得到品尝委员会认可其质量之后才有权使用 VDQS 标签,"法定产区葡萄酒"只有在符合了该酒的特定标准之后,才有资格冠以"法定产区"的美称。否则,无权使用。

在同一地区内的各 AOC 之间也可能有等级的差别,通常产地范围越小、葡萄园位置越详细的 AOC 等级越高。

二、法国葡萄酒的主要产区

(一)波尔多(Bordeaux)

波尔多是全法国最大的酒乡,也是全世界高级葡萄酒最为集中及产量最多的地区,区内的葡萄庄园多达近万座。如果说法国已成为葡萄酒的代名词,那么波尔多便是法国葡萄酒的象征。

波尔多位于法国的西南方,地处多尔多涅河和加龙河的交汇处,而波尔多的原意即为"水边"。波尔多的年平均气温约 12.5℃,年降水量约 900 毫米,气候十分稳定,相当适合酿酒葡萄的种植。波尔多葡萄酒现在的年产量高达 6 亿公升,几乎占法国 AOC 等级葡萄酒产量的 1/4。

波尔多产区内的葡萄园主要分布在吉伦特河(Girande)、加龙河(Garnne)、多尔多涅河(Dordogne)流域的呈条状分布的小圆丘上。这些葡萄园主要是由从上游冲积下来的各类砾石堆积而成,具有贫瘠、植物容易向下扎根且排水性佳等多重优点,有利于生产浓厚、耐久存的优质葡萄酒。波尔多地区的葡萄酒以红葡萄酒为主,白葡萄酒仅占总产量的 15%,所以种植的葡萄以黑色品种为主,目前以梅洛葡萄种植最普遍。在波尔多不论红葡萄酒或白葡萄酒,大部分都是由多种品种混合而成,彼此互补或互添风采,以酿造出最丰富的香味和最佳的均衡口感,各葡萄品种混合的比例因各产区土质和气候的不同而有差别。波尔多地区用于酿酒的主要葡萄品种有:①红葡萄品种:卡本内·苏维翁、梅洛、卡本内·弗朗、马尔贝克、小维多;②白葡萄品种:白苏维翁、塞米雍、白维尼、可伦巴、蜜思卡岱勒。

波尔多地区有五大著名葡萄酒产区,它们是:梅多克(Médoc)、格拉夫(Graves)、圣·艾美浓(St-Emilion)、庞美罗(Pomerol)和苏玳(Sauternes)。

1.梅多克

梅多克的葡萄园位于吉伦特河左岸,种植面积约 1.38 万公顷。因受海洋的调节和松林的保护,梅多克的气候在波尔多地区最为温和,也最潮湿。该地区出产的优质红葡萄酒,在波尔多各产区中知名度最高。

梅多克依据地形的不同又被分为上梅多克(Haut-Médoc)和下梅多克(Bas-Médoc)两部分。

梅多克产区内有几个村庄级的 AOC,它们分别是:波依拉克(Pauillac)、圣爱思台夫(St. Estèphe)、圣朱利安(St. Julien)、玛高(Margaux)等。

(1)波依拉克　波依拉克出产最高级的红葡萄酒,所产红葡萄酒味道浓厚、单宁含量高、结构严谨,同时还具有细致优雅、香气芬芳等特点。酒龄短时常有黑色森林浆果、雪松和香草等香味,非常耐久存,经常需要10~20年的瓶中培养才能到成熟期。产区内有3家著名的一级特等酒庄:Ch.Lafite-Rothschild、Ch.Mouton-Rothschild、Ch.Latour。此外,还拥有15家特级酒庄如:Ch.Pichon-Longueville-Laland、Ch.Pichon-Longueville-Baron,以及属于五等特级酒庄的Ch.Lynch—Bages,等等。它们都称得上是世界级明星酒庄。

(2)圣爱思台夫　圣爱思台夫由于葡萄酒的成名较晚,所产葡萄酒呈鲜艳的深红色,以卡本内等葡萄为原料,故略带涩味;其浓郁甘美的风味必须经长期陈酿才能显示出其真实的价值。著名的酒庄有Ch.Cos d'Estournel以及Ch.Montrose等。

(3)圣朱利安　在梅多克圣朱利安的面积最小,不到900公顷,但优越的自然条件却让这里成为优质葡萄酒最密集的产区。圣朱利安的红葡萄酒兼具波依拉克的强劲和玛高的细腻,有非常均衡的口感,具有黑加仑、雪茄等优雅香味是本产区葡萄酒的典型特点。浓重的单宁,以及均衡结实的结构,保证了圣朱利安葡萄酒耐久存的潜力。著名的品牌有:Ch.Leoville-Barton、Ch.Lévoville-Les-Cases、Ch.Léoville-Poyferré等。

(4)玛高　玛高产区位于梅多克最南,面积最大。玛高所产的葡萄酒以酒香优雅和口感细腻在梅多克的葡萄酒中独树一帜。一级特等酒庄Ch.Margaux是玛高的超级明星酒庄,其产品的口感细致丰富、优雅宜人,充分表现了玛高红葡萄酒的特性。

2.格拉夫

格拉夫地区位于加龙河左岸,北起波尔多城及周围地区,南到苏玳城,几乎遍布整个河左岸地区。这里几个世纪以来都是波尔多葡萄酒最重要的产区之一,也是波尔多唯一同时生产高级红、白葡萄酒的产区,红葡萄酒约占60%,葡萄品种也是以卡本内·苏维翁为主。这里所产红葡萄酒比梅多克葡萄酒多一份圆润口感,成熟也较快一点,但仍相当耐久存。区内的Ch.Haut-Brion酒庄在1855年的特等酒庄评选中,不仅是上梅多克产区以外唯一入选的红酒酒庄,而且名列一级特等酒庄。格拉夫的干白葡萄酒主要以白苏维翁和塞米雍两种品种为主,偶尔添加一点蜜思卡岱勒增添香味。

3.圣·艾美浓

圣·艾美浓和梅多克都以盛产波尔多红葡萄酒而著名,本产区内的葡萄品种主要以梅洛和卡本内·弗朗为主,色调呈淡宝石红色,口感圆润,成熟快,酒龄短时不像梅多克葡萄酒收敛性特强,难以入口。虽然酒龄较短时即可享用,但酒的结构厚实、平衡,也经得起时间的考验。区内比较著名的酒庄有白马庄(Ch.Cheval—Blanc)和欧颂堡(Ch.Ausone)。

4.庞美罗

在波尔多的红酒产区中庞美罗的面积最小,只有764公顷,小酒庄林立,只有25公顷的南尼酒庄(Ch.Nenin)已是区内两个最大的酒庄之一了。由于产区小,酒庄规模小,庞美罗的葡萄酒价格成为波尔多地区最贵的。彼德律酒庄(Ch.Petrus)是最著名的酒庄。值得一提的是彼德律酒庄使用的葡萄品种是梅洛,并且占总量的95%。彼德律酒庄所产的葡萄酒竟然没有加入一颗卡本内·苏维翁,打破了苏维翁一统天下的神话。另外,还有一个新秀乐宾(Le Pin),因面积太小,无法称之为酒庄,但它酒品的价格最近几年已然超过彼德律酒庄。

5.苏玳

苏玳产区位于格拉夫南部并为之所包围,该产区土质是黏土和沙土的混合土质或黏土和石灰石土质。葡萄品种有塞米雍和白苏维翁。苏玳出产世界最著名的贵腐甜白葡萄酒。秋天的时候,来自蓝德低地的溪水注入水温较高的加龙河,形成的水汽被困在低丘地带,潮湿的空气有利于一种叫贵腐菌(Botrytis cinerea)的细菌生长,当葡萄感染这种细菌后,细长的菌丝会穿透葡萄皮吸取葡萄内部的水分,本来已经成熟的葡萄,经过这样的脱水过程,葡萄内的结构发生很大的变化,不仅糖分含量变得更加高,同时也提高了酒石酸,降低了刺激性高的苹果酸,此外还会产生使口感圆润的甘油,形成特殊的香味。塞米雍葡萄是酿制贵腐葡萄酒的最佳品种。贵腐葡萄酒香味浓郁丰富,口感圆厚甜润。陈年的贵腐葡萄酒酒香更是复杂多变,经常有蜂蜜、干果等特殊的香味。区内有3个贵腐葡萄酒AOC产区,最佳的产区是苏玳和巴萨克(Barsac)。

苏玳的特等酒庄是1855年评选出来的,当年共有25家,其中6家在巴萨克。最优等的"第一特级特等酒庄"只有Ch.d'Yquem帝康酒庄。

(二)勃艮第(Bourgogne)

勃艮第产区是由位于法国东部的一系列小葡萄园组成,北起奥克斯斯勒(Auxerre),南至里昂(Lyon),绵延370千米,横跨四大地区,即荣纳(Yonne)、科多尔(Côte d'or)、扎奥·卢瓦尔(Saône-et-loire)和玛孔(Mâcon)地区。

勃艮第产区是法国古老的葡萄酒产地之一,也是唯一可以与波尔多葡萄酒相抗衡的地区。人们曾经这样比喻这两地葡萄酒:勃艮第葡萄酒是葡萄酒之王,因为它具有男子汉粗犷的阳刚之气概;波尔多葡萄酒是酒中之后,因为它具有女性之柔顺妩媚。

勃艮第产区的葡萄品种较少,主要有生产白葡萄酒的莎当妮和阿丽高特(Aligoté),生产红葡萄酒的黑比诺以及专用于生产博酒莱的佳美葡萄。

与波尔多地区相比,勃艮第葡萄酒的生产有些不同之处。首先勃艮第使用的葡萄品种较少。此外,在波尔多地区,葡萄园如同财产一样属于某个人或某公司所有,而在勃艮第地区,葡萄园只是一个地籍注册单位,它可以属于很多人共同所有,如香百丹葡萄园(Chambertin)就属于50多个业主。

根据法国AOC法,勃艮第红葡萄酒必须用黑比诺葡萄作为原料,如果以别的葡萄品种为原料,或酿制时渗入了别的品种,则AOC法规定这些厂商有义务在商标中说明,同时不能以勃艮第葡萄酒的名义出售,只能以葡萄品种名为其酒名。因此,在勃艮第产区会有这样一种情况出现:同一个葡萄园所出产的几瓶葡萄酒可能是由不同厂家所制成,不同地方包装,所以口味绝不相同,连商标也不一样。

勃艮第葡萄酒分为四个等级。第一等:特级葡萄酒(Grand Crus),特级葡萄酒的酒标上有葡萄园的名称,如Montrachet酒庄等。第二等:一级葡萄酒(Premiers Crus),在酒标上不但有产区的名称,而且也有葡萄产地的名称,如Nuits-Saint-Georges-Les-Porets等。第三等:村庄或产区地名监制酒,这类葡萄酒必须将产区的名称印在酒标上。第四等:勃艮第地名监制葡萄酒。勃艮第葡萄酒主要产区有三处:夏布利、科多尔、南勃艮第。

(1)夏布利

夏布利位于奥克斯勒镇附近,用生长在白垩泥灰质土壤中的莎当妮葡萄为主要原料。该产地生产的葡萄酒十分著名,其特征是色泽金黄带绿,清亮晶莹,带有辛辣味,香气优雅而轻盈,精细而淡雅,口味细腻清爽,纯洁雅致而富有风度,尤其适宜佐食生蚝,故又有"生蚝葡萄酒"之美称。在夏布利产区可以称得上特级葡萄园的有7个,它们是Blanchots、

Bougros、Les Clos、Grenouilles、Les Preuses、Vaudésir、Valmur。这些地区生产的葡萄酒都是风味清爽、干型、酒体匀称的佳酿。此外,还有22个一级葡萄酒庄。夏布利产区也生产酒体轻盈的香槟酒。

(2)科多尔又称为"黄金色的丘陵"

从第戎(Dijon)到沙尼(Chagny),科多尔产区绵延约50千米,分布在向阳的丘陵山坡上,占地6379公顷,平均年产2300多万升红、白葡萄酒。该区分为两大部分,即科多尔·尼伊(Côte de Nuits)和科多尔·博纳(Côte de Beaune)。

科多尔·尼伊该地为白垩泥灰岩混合土质,主要葡萄品种是黑比诺,有少量莎当妮种植。该产区以生产红葡萄酒为主,且生产勃艮第最好的红葡萄酒。著名品种有吉夫海·香百丹(Gevrey-Chambertin),是富含原味的强烈红葡萄酒;香菠萝·玛西尼(Chambolle-Musigay)品质优雅,香味柔软;佛斯尼·罗曼尼(Vosne Romanée)葡萄酒在世界上声誉很高;罗曼尼·康帝被称为"葡萄酒之王",此酒色泽深红优雅,酒体协调完美,风格独特、细腻,迷人至极,常使饮者为之倾倒。此酒是目前世界上最贵的葡萄酒。

科多尔·博纳产区主要生产勃艮第上好的白葡萄酒,红葡萄酒不如尼伊地区有名。该区布利尼·蒙拉谢村(Puligny Montrachet)是世界最高级的干白葡萄酒的产地,拥有4个特级葡萄园,其中最出名的蒙拉谢有着芳醇诱人的香味和钢铁般强劲的辣味,所以有"白葡萄酒之王"的美称。科·博纳产区著名的红葡萄酒有:阿劳克斯·高彤、博纳(Beaune)、苞玛(Pommnard)、乌奶等。白葡萄酒有布利尼·蒙拉谢、夏沙尼·蒙拉谢、高彤·卡尔勒马格纳。

(3)南勃艮第

南勃艮第产区包括科·夏龙(Côte Chalonnaise)、玛孔(Mâconnais)和博酒莱(又称保祖利)三区,葡萄酒品丰富,风格多变,名酒很多。

科·夏龙区主要生产勃艮第起泡酒,该区麦尔柯累出产的普衣府水酒(Pouilly Fuise)是勃艮第最杰出的白葡萄酒。此酒以莎当妮葡萄为原料,色泽浅绿,光泽丰润,辣味清淡可口,是十分爽口的干型白葡萄酒。主要品种有普衣府水、昔衣罗谐、普衣凡才尔等,这类葡萄酒通常适合酒龄短时饮用,超过10年酒龄便会酒性全无。

博酒莱是勃艮第最大的葡萄酒产地,面积达2万多公顷,年均产量超过910万升。博酒莱是以佳美葡萄为原料生产的红葡萄酒,清淡爽口,颇受世界各地饮酒者的好评。

(三)法国其他葡萄酒产区

1.阿尔萨斯(Alsace)

阿尔萨斯产区位于法国东北部,隔着莱茵河与德国相望,历史上曾多次成为德国的领土,所以生产的葡萄酒也十分类似德国葡萄酒。

该产区较好的葡萄园都分布在孚日山脉的山坡上,种植面积达3万英亩,年均产酒1760万加仑。该地区土质为石灰质、沙石、花岗岩等,葡萄酒多以葡萄品种来命名,著名的葡萄品种有:西尔瓦那(Sylvaner)和雷司令。

2.隆河谷(Côte du Rhône)

隆河谷产区位于法国东南部,罗纳河流域,葡萄种植面积约4万公顷,年均产酒16380多万升。品种有红有白,有干有甜,甚至还有起泡葡萄酒,较为齐全。该区新教皇堡(Châteauneuf-du-Pape)所产的塔乌(Tavel)玫瑰红葡萄酒是法国最好的玫瑰红葡萄酒。

3.普罗旺斯

普罗旺斯葡萄种植园是法国最早的种植园,该地生产著名的玫瑰红葡萄酒,将其冰镇至10℃时饮用香味最佳。产品多在AOC等级内。此外还出产红白葡萄酒,一般经3~4年的陈酿方可饮用。

4.卢瓦尔

位于法国西北部卢瓦尔河流域,主要出产各种玫瑰红葡萄酒和红葡萄酒。其中最著名的葡萄酒是普衣府媚(Pouily Fume)、安若玫瑰红葡萄酒等。

5.香槟区

香槟区是法国最北部的葡萄酒产区。绝大多数香槟酒庄都集中在兰斯(Reims)和埃佩尔奈(Epernay)。这两个城市的周围布满了葡萄种植园,这里精心栽培着三种香槟酒用葡萄黑比诺(Pinot Noir)、比诺曼尼(Pinot Meunier)和莎当妮(Chardonnay)葡萄。

香槟酒是以它的原产地、法国香槟省名命名的。香槟地区是采用传统的"香槟酿造法(Methode champenoise)"来酿造香槟酒的。传统上,香槟是由两种黑葡萄Pinot Noir,Pinot Meunier和白葡萄Chardornnay经独自发酵后,进行调配混合,在酒瓶内经第二次发酵而成,并形成天然气泡。

依据法国葡萄酒等级划分法规定:唯有在香槟区采用"香槟酿造法"酿造的起泡酒才能称为"香槟",其他地区和国家不符合这个规定的,一概只能称为"气泡酒"(Sparkling Wine)。例如,在西班牙,气泡酒叫作"Cava",在德国叫作"Sekt",在意大利叫"Spumante"。甚至在法国香槟区以外地区所酿造的气泡酒也只能叫作"Vin Mousseax",而不能以香槟来命名。

第四节 其他国家葡萄酒

一、德国葡萄酒

德国是世界著名的葡萄酒生产国之一,从罗纳河谷的马塞勒到莱茵河谷、摩泽尔等地,葡萄种植面积约10万公顷,葡萄酒年产量约1亿公升,以白葡萄酒为主,类型非常丰富,从一般清淡半甜型的甜白酒到浓厚圆润的贵腐甜酒都有,另外还有制法独特的冰酒。

德国葡萄种植的历史悠久,在公元3世纪就开始栽种葡萄了。德国的葡萄产地只限于北部一带,栽培十分困难。这些地区的葡萄如果收获过早,则糖分太少,所酿出的葡萄酒,酒精成分不够,品质也不佳。所以在德国的葡萄园,8月最后一次整理葡萄园后,所有人员一律禁止出入,直到公选的专业委员会一声令下,大家才能进园采摘。

德国主要生产世界著名的白葡萄酒,葡萄酒产量中80%左右是白葡萄酒,其他20%是玫瑰红葡萄酒和红葡萄酒。德国的白葡萄酒因为糖酸度控制得很好,故品质极佳,堪称世界一流;与法国勃艮第白葡萄酒相比,甜味稍重,酸味稍强,但口味很新鲜、清爽,带有一种苹果的清香,酒精度比法国的白葡萄酒低8%~11%左右,因而德国白葡萄酒适合在新鲜时饮用。

此外,德国有一种白葡萄酒与一般白葡萄酒制法不同,它不是在葡萄成熟时采摘,而是让葡萄在葡萄藤上枯萎,并任由微生物侵袭,最后成为"贵腐"的葡萄干。因为这种葡萄所能供给的葡萄汁很少,而且糖分很高,故酿出来的葡萄酒有着蜂蜜般的风味,特别圆润香浓,而且酒精含量很高。因此,这类酒愈陈愈香,真可谓白葡萄酒中的上品了。这种葡萄酒在德国被称为“干浆果葡萄酒”，它类似法国的贵腐葡萄酒。

德国红葡萄酒和玫瑰红葡萄酒产量所占比例较少，而且缺乏应有的颜色和酒体，品质并不很好；白葡萄酒也是以干型为主，同时，德国也生产起泡葡萄酒，称为“Sekt”即为起泡的意思。

（一）德国的葡萄品种

德国用于生产葡萄酒的葡萄品种以白葡萄为主，占全部葡萄总量的86%左右，其主要品种有墨勒·图尔高、雷司令、西尔凡纳等，红葡萄只占14%，主要品种有黑比诺（在德国被称为Spaburgunder）。

（二）德国葡萄酒的等级制度

德国政府和酒商、葡萄酒生产者，于1971年共同制定了葡萄酒质量法规，把德国葡萄酒分为三个等级。

1.佐餐葡萄酒（Deutscher Tafelwein，DTW）

这类葡萄酒必须由经批准或暂时批准的葡萄品种制成，而且这类葡萄必须完全在德国生长，因此，产量比较小。

2.优质地区葡萄酒（Qualitätswein Bestimmter Anbaaugebiete，QBA）

这一等级的葡萄酒是德国葡萄酒的骨干酒类，它们必须产自德国13个产区中的一个区，各项规定严格，所采用的葡萄必须有较高的成熟度，葡萄酒的酒精含量最少不低于7%。所有酒品必须经官方控制中心的分析检测和品尝鉴定后才能销售。

3.高级优质佳酿葡萄酒（Qualitätswein mit Prädikat，QMP）

这是德国最高级的葡萄酒，除了有极高的品质外，添加糖分是绝对禁止的。这类葡萄酒酒精含量较低，而且是以地域和收采情况进行分类，装瓶时必须在酒标上注明属于哪一个等级。这六个等级分别是：

（1）Kabinett：正常采摘葡萄酿制的葡萄酒，酒度至少在7%以上。

（2）Spättlese：晚摘葡萄酿制的葡萄酒，一般比正常采摘晚7天以上。

（3）Auselese：精选采摘或选串晚摘葡萄酿制的葡萄酒。

（4）Beerenauslese：特别选粒晚摘的葡萄酿制的葡萄酒。大部分葡萄感染贵腐霉，糖分更高。

（5）Trockenbeerenauslese：干浆果葡萄酿制的葡萄酒。这一等级的葡萄酒是完全采用感染贵腐霉后，水分蒸发、萎缩成干的葡萄酿成，甜度非常高。

（6）Eiswein：冰葡萄酒，直接从葡萄藤上采摘已经结冰的葡萄，并在冰冻状态下送酒厂榨汁酿制的葡萄酒。

（三）德国葡萄酒产地

德国的葡萄酒产区分布在北纬47°~52°，是全世界葡萄酒产区的最北限，虽然种植环境不佳，但凭着当地特有的自然条件和日耳曼人卓越的酿造技术，也能酿造出媲美法国的顶级葡萄酒，成为寒冷地区葡萄酒的典范。主要产区为莱茵河流域和摩塞尔河流域，此外还有纳赫、巴登、乌腾堡等地。

1.莱茵河流域

莱茵河流域是德国著名的葡萄酒产地，生产葡萄酒历史悠久，分为莱茵高、莱茵法兹、莱茵黑森3个产区。

(1)莱茵高

种植面积3000多公顷,著名的葡萄园位于南向斜坡,白天可获得充分的日照,夜晚则为来自莱茵河面的雾气所笼罩,十分适合葡萄的种植。雷司令是该地区主要的葡萄品种,著名的葡萄酒有约翰内斯堡(Johannisberg)葡萄酒系列产品,这类葡萄酒色泽黄绿,香味清醇,口味圆正,绵柔醇厚。此外,该地区出产著名的贵腐葡萄,以及以贵腐葡萄酿制而成的超甜贵腐葡萄酒,拥有独特晶莹的金黄色泽,风味绝佳。

(2)莱茵法兹

是德国所有葡萄酒产区中气候最佳、土壤最肥沃的地区,也是德国葡萄酒产量最高的地区。本区葡萄品种以雷司令为主,红酒、白酒均有生产,白酒的种类又特别丰富,从风味朴实、特性优越到被评为顶级的葡萄酒都有。该地区有大量的“晚摘”“选串晚摘”和“选粒特别晚摘”的葡萄酿制的葡萄酒,这些酒酒体丰满,通常在餐后饮用。

(3)莱茵黑森

德国最大的葡萄酒产区,德国最受欢迎的葡萄酒“圣母之乳”,就是来自该区。像乳汁一般甜美的“圣母之乳”,口味清淡,芳香醇厚,喝过者皆赞不绝口。此外,该区所产的雷司令白酒,不仅口感平衡细致,而且有浓郁的蜜桃和柑橘等香味。

2.摩塞尔河流域

摩塞尔河位于莱茵河西部,拥有“德国葡萄酒之都”的美誉。主要的葡萄酒产地为位于摩寒尔河中游的伯恩卡斯特、萨尔河地区及鲁尔河地区等。该区土壤由黑色板岩、砾沙石及贝壳钙构成,土质肥沃,所栽种的葡萄以雷司令品种为主,占有55%的种植面积,但因产量低,葡萄酒产量只占33%。以该区雷司令葡萄所酿制的葡萄酒,拥有一种独特的烟熏味,与莱茵高葡萄酒相比,有着较爽朗的口感和清新的酸味,同时还有非常独特的新鲜花香,大多属于存放不久即饮用的酒。

3.纳赫

纳赫因位于莱茵黑森与摩塞尔区之间,所以出产的酒也兼具这两区的特色。不过,由于该区土质多变,富含各种矿物,这里生产的葡萄酒拥有不同的风味。

4.巴登

巴登是德国最南端的葡萄酒产区,该区的气候条件相当优越,葡萄种植面积在全德国排名第三,白葡萄酒和红葡萄酒都有生产,葡萄品种以具有地方特色的比诺葡萄为主,其中又以灰比诺葡萄最为重要,非常适用于酿造晚摘或贵腐型的甜酒。该区所产葡萄酒,在口感上较为丰润饱满,更具有南方的特色。

5.乌腾堡

乌腾堡是德国最大的红酒产地。这里的葡萄园大半种植红葡萄,品种多达50种,其中又以林格葡萄、黑雷司令葡萄及林柏格葡萄最为重要。此外,本地的红葡萄酒颜色都相当清淡,很少有单宁的涩味。

二、意大利葡萄酒

位于地中海的意大利,天然条件非常适合葡萄的生长。葡萄酒产量位居世界榜首,出产全球近1/5的葡萄酒,其葡萄酒生产历史也相当久远,而且酿酒葡萄的种类非常的多元,各产区都有深具浓厚地方特色的葡萄酒,葡萄酒种类的繁多,大概只有法国能在这方面与之相比。

(一)意大利葡萄酒的等级制度

意大利的葡萄酒等级制度从1963年开始,一共分为四个等级。其中DOC和DOCG属于特定产地出产的优质葡萄酒,IGT和VdT两类是普通葡萄酒(合称为DOS)。

1.DOCG(Denominazione di Origine Controllata e Garantita)

这是意大利等级系统中的最高等级,目前只有十几个葡萄酒产区获此殊荣。这一等级的葡萄酒不论在土地的选择、品种的采用、单位公顷产量等方面的规定都非常严格,而且必须具有相当的历史条件。

2.DOC(Denominazion di Origine Controllata)

目前,意大利有数百个葡萄酒产区属于DOC的等级,大部分都是传统的产区,依据当地的传统特色制定生产的条件,约略等同于法国的AOC等级的葡萄酒。

3.IGT(Indicazione Geografiche Tipci)

这一等级的葡萄酒相当于法国Vins de Pays,可以标示产区以及品种等细节,相关的生产规定比DOC以上等级宽松,弹性较大。这一等级的葡萄酒在意大利并不普遍,相当少见。

4.VdT(Vino da Tavola)

这是意大利最普通等级的葡萄酒,限制和规定最不严格。目前,此等级的酒依旧是意大利葡萄酒的主力。

虽然近几年意大利新增了许许多多DOC或DOCG产区,但是这两个等级的葡萄酒在意大利葡萄酒总产量中所占比例还是很低,产量大的普通餐酒依旧是最主要的。但值得一提的是意大利有不少产区也出产品质相当卓越的VdT,这些特级的VdT虽然有绝佳的表现,但因为品种或其他生产条件不符DOC的规定,只能以VdT的等级出售。

(二)意大利葡萄酒的主要产区

1.皮埃蒙特(Piedmont)

皮埃蒙特是意大利最大的葡萄酒产区,历史悠久,主要生产干型红葡萄酒、起泡和静态甜、干型白葡萄酒。内比欧露(Nebbiolo)是区内历史最久、适应性最好、同时也最负盛名的品种。著名的红酒产区如巴罗洛(Barolo)、巴巴瑞斯克(Barbaresco)以及加替那拉(Gattinara)等DOCG等级的产区,都采用内比欧露作为主要或唯一的生产品种。此外,多切托(Dolcetto)和巴贝拉(Barbera)也是该区的重要红酒品种。白葡萄酒虽然产量很小,但却有具有迷人风味的Gavi干白葡萄酒、Asti Spumante气泡酒。

2.托斯卡纳(Tuscany)

位于意大利中部,西面临海。该区主要生产红、白葡萄酒。著名的红葡萄酒干蒂(Chianti)是意大利具有代表性的酒品之一,它享誉国内外,是以稻草所编织的套子包装在圆锥形酒瓶外,这种独特的包装器皿称为"菲亚斯"(Fiashi)。干蒂葡萄酒呈红宝石色,清亮晶莹,富有光泽。优质干蒂酒通常使用波尔多形状的酒瓶包装。

3.伦巴第(Lombardy)

伦巴第位于意大利北部,与瑞士交界。该区崎岖不平但却十分美丽,葡萄园一般位于海拔400米的山区,大约9月中旬到10月开始收获葡萄。生产的主要葡萄酒品种有:红、白、玫瑰红和白起泡葡萄酒。该区被冠以DOC的葡萄酒较多,但一般都在酒龄短时饮用,著名的红葡萄酒有波提西奴、沙赛拉、英菲奴、格鲁米罗,白葡萄酒有鲁加那、巴巴卡罗(Barbacarlo)、客拉斯笛迪奥(Clastidium)等。

4.威尼托(Veneto)

位于意大利东北部,该区有著名城市威尼斯(Venice)和维罗纳。生产的葡萄酒品种有:优质干型红、白葡萄酒,甜型红葡萄酒等,其中以优质红、白葡萄酒较为著名,如 Val Policella(瓦尔波利赛拉)、Bardolino(巴多里奴)、Soave(索阿威)等。索阿威是意大利著名的干白葡萄酒,色泽金黄,酸味和香味较淡,但口味十分爽快。

三、澳大利亚葡萄酒

18 世纪末,欧洲移民将葡萄引进炎热干燥的澳洲大陆,并在悉尼北面的猎人谷(Hunter Valley)种植成功,19 世纪后逐步向西部的西澳大利亚州(Western Australia)、南部的维多利亚州(Victoria)发展,目前葡萄种植最广的南澳大利亚州(South Australia)反而是最晚开发的产区。由于受气候的影响澳大利亚葡萄酒产区主要位于澳洲大陆的东南角,从新南威尔士州的猎人谷产区,往南经过维多利亚到南澳大利亚州东南隅的阿得雷德市(Adelaide)。这一小角内的葡萄园就占了澳洲葡萄产区 90%以上的面积,其中南澳占 50%以上,新南威尔士占 25%,维多利亚占 21%,其他几个地区都显得微不足道。

澳大利亚常见的葡萄品种是来自法国的希哈,在这里称为 Shiraz。此外,还有卡本内·苏维翁和酿造起泡酒的黑比诺等。白葡萄品种以莎当妮为主,雷司令和塞米雍也较为常见。主要产酒区基本集中在南部沿海地区,著名的有:

1.新南威尔士州

这里是澳大利亚发展最早的葡萄酒产区,气候相当炎热,特别是猎人谷产区。猎人谷以出产耐久存的塞米雍白酒和浓厚的希哈红酒而受到全球瞩目。这里的塞米雍白酒通常发酵后就直接装瓶,经过数年的瓶中陈酿经常会有非常独特的口感。

2.维多利亚州

维多利亚州是澳大利亚葡萄酒的第三大产地,位于墨尔本东北的叶拉谷(Yarra Valley)是近年来颇受瞩目的葡萄酒产区。莎当妮和黑比诺是这里的主要葡萄品种。

3.南澳大利亚州

虽然这里葡萄的种植较晚,但却以得天独厚的环境成为澳洲最重要的葡萄酒产区。比较著名的产地有:克雷谷、芭罗莎谷、寇那瓦纳等。这里出产的葡萄酒品种比较齐全。

四、美国葡萄酒

美国是世界第四大葡萄酒生产国,有 44 个州生产葡萄酒,但较具规模的只有加利福尼亚、纽约、新泽西和俄亥俄等州。其中,加利福尼亚的葡萄酒产量占全美总产量的 80%,因此被称为“美国葡萄酒的故乡”。

加利福尼亚州由于气候因素,可种植的葡萄品种很多,生产红葡萄酒的主要葡萄品种有:卡本内·苏维翁、金芬黛、灰比诺等;生产白葡萄酒的葡萄品种有:莎当妮、雷司令、白苏维浓、白谢宁等。加州优质葡萄酒通常是以酿酒的葡萄名命名的,最好的葡萄酒是卡本内·苏维翁,产自那帕峡谷。

在加州的许多葡萄酒产区中,那帕谷(Napa Valley)和索诺玛(Sonoma)是最受瞩目的两个最重要的产区。那帕谷生产的葡萄酒具有浓郁的波尔多的味道,这里所产的卡本内·苏维翁葡萄酒秉承了波尔多红酒浓厚、强劲和单宁强等特性,近年来越来越受到酒评家们的好评。至于这里的莎当妮,则几乎一律采用橡木桶发酵培养的酿制法,奶油和香草香搭配圆润丰厚的口感,是那帕谷与索诺玛最常见的类型。

五、中国葡萄酒

中国葡萄酒的酿造历史悠久，品种繁多，干、甜、红、白、起泡葡萄酒应有尽有，各地产品品质不一，质量各异，形成了一个庞大的葡萄酒生产系统。

中国地域辽阔，葡萄酒生产量大，品种繁多，优质的葡萄酒遍布全国各地，著名的葡萄酒有：

1.王朝白葡萄酒

王朝白葡萄酒由天津中法合营葡萄酿酒有限公司生产，它是我国第一个外资合营的葡萄酒公司。王朝白葡萄酒属半干型，用玫瑰香葡萄酿制而成，果香浓郁，醇和润口，酸甜协调，酒体完整，回味舒适，多次在国内外获奖，是深受海内外消费者欢迎的葡萄酒品。

2.沙城干白葡萄酒

由河北沙城酒厂酿制，酒色淡黄微绿，清亮有光，酒香浓郁，口味柔和细致，爽而不涩，味香和谐，恰到好处，酒度12度，在第三届全国评酒会上被评为全国名酒。

3.长城白葡萄酒

由中国长城葡萄酒有限公司生产。长城葡萄酒公司位于河北沙城，这里昼夜温差大，日照时间长，土层深厚，沙质，很适合于葡萄生长，生产的龙眼葡萄果皮紫红，果汁无色，含糖量高达20%，酿出的长城干白葡萄酒，微黄带绿，果香宜人。生产的半干白葡萄酒果香突出，酒味充足，口味娇嫩，柔和细腻，优雅爽口，回味悠长。

4.华东意斯林和佳美布祖利

“华东意斯林”是中外合资华东葡萄酿酒有限公司按照国际酒典生产的高档葡萄酒。该酒属单品种年份全干白葡萄酒。所谓单品种是指该酒原料全部采用上等单一莱茵雷司令(Reisling)葡萄的纯葡萄汁，经先进的低温发酵工艺酿制的，不掺杂其他品种葡萄，具有纯正无瑕的典型的雷司令葡萄果香味，饮用时分外爽口。该酒采用当年收获的新鲜葡萄配制，在酒标上注明年份，以示收获和酿制年份，以便储藏和品尝。华东意斯林葡萄酒几乎不含糖(糖度低于0.4克/100毫升酒)，饮用品尝时不甜，微酸，爽口开胃，极适宜助餐。它是我国首家符合国际酒典要求配制的单品种年份全干白葡萄酒，它色泽清澈晶亮，果香纯正，酒体香醇柔和，赢得海内外的一致好评。

“佳美布祖利”是华东葡萄酒有限公司的又一杰作，此酒选用法国“博酒莱佳美(又译为佳美布祖利)”和“黑必奴”葡萄，经独特工艺酿制而成，该酒呈艳丽的宝石红色，既有浓郁的果香，又有浓郁的果味，质地柔和，极易适应大众的口味。其最适宜的饮用温度为17℃～20℃，可以与各种美味佳肴配饮，是理想的佐餐干红葡萄酒。

本章小结

葡萄酒是一种以葡萄为原料酿制而成的酿造酒，不同的葡萄酒由不同品种的葡萄采用不同的方法酿制而成。法国、德国、意大利、美国、中国等主要的葡萄酒生产国都生产各类等级和品质不同的葡萄酒。葡萄酒服务十分讲究，既有温度要求，也有杯具要求，还讲究与菜肴的搭配，尤其在西餐服务中，熟练的葡萄酒服务技巧能给人以美的享受。

思考与练习

1. 分别说出3种以上的红、白葡萄的名称和特点。
2.说出影响葡萄生长的主要因素。
3.什么是葡萄酒？它有哪些分类方法？
4.葡萄酒的生产过程包括哪几个环节？
5.简述葡萄酒服务的原则和方法。
6.说出法国葡萄酒的等级及特点。
7.说出法国葡萄酒的主要产地及产品特点。
8.说出德国和意大利葡萄酒的等级。
9.说出德国和意大利葡萄酒的主要产地和名品。

第4章 蒸馏酒

学习重点

- 熟悉蒸馏的基本原理
- 掌握中国白酒、白兰地、威士忌、金酒、伏特加、朗姆酒、特基拉等的生产方法
- 熟悉各类蒸馏酒的主要产地和著名品牌
- 掌握各类酒品的饮用和服务方法

蒸馏酒是通过对含酒精液体进行蒸馏而获得的可以饮用的酒精饮料，又称为烈性酒。

公元前5世纪，古希腊医师希波克拉底（Hippocrates）曾经从事过蒸馏工艺和草药与调香植物混配工艺的实践活动，古亚历山大、埃及和罗马等国在公元前也都有蒸馏活动，但不是用来蒸馏酒，而是从植物中提取药物或香料。

蒸馏术是中世纪早期由阿拉伯人发明的。像炼丹术一样，“酒精”（Alcohol）一词也是从阿拉伯语中演变而来的。阿拉伯人将一种黑色粉末液化，变成蒸汽，然后再凝固，生产出被大家闺秀用于化妆描眉的化妆品，这种被称为“阿尔科”（Al Kohl）的粉末如今仍在阿拉伯国家广泛使用。阿拉伯国家信奉伊斯兰教，不准酿酒，而蒸馏术逐渐传到了欧洲，并得以广泛流传和使用于蒸馏烈性酒。

在正常大气压条件下，水的沸点是100℃，酒精的沸点是78.4℃，当酒水混合物加热至两种温度之间时，酒精便转变成蒸汽，将这种蒸汽收入管道并进行冷却凝固，就会与原液体分开，如从葡萄酒中提取白兰地，从谷物酿造酒中提取威士忌等。蒸馏酒是可以通过对含酒精液体进行蒸馏取得的，蒸馏前原酒的酒精强度对蒸馏后产品的酒度影响不大，同时蒸馏原汁中的味素物质将会使蒸馏产品产生不同的味道，如梨味白兰地，就具有明显的梨子香味。

目前，世界上著名的蒸馏酒品除中国的白酒以外，有六大著名产品，即白兰地、威士忌、金酒、伏特加、朗姆酒和特基拉酒。

第一节 中国白酒

酒的生产在我国有着悠久的历史，早在几千年前就已经有用谷物酿造酒的工艺了。在数千年酒的酿造史中，我国侧重于烈性酒的生产。中国白酒是以谷物及其他含有丰富淀粉的农副产品为原料，以酒曲为糖化发酵剂，经发酵蒸馏而成的高酒精含量的酒，其酒度均在30度以上。

中国白酒大多无色透明，质地纯净，醇香浓郁，味感丰富。按白酒的香气特点，可分为清香型、浓香型、酱香型、米香型和复合香型五种。决定中国白酒的好坏不是以酒度的高低为标准，而是以其风味、香气和滋味为判断标准的。

一、中国白酒的生产

中国白酒产地辽阔,原料多样,生产工艺也不同,但是中国白酒从原料到生产具有以下几个共同特点:首先,中国白酒是以含有淀粉或糖分的物质为主要原料制成的酒;其次,以曲为糖化剂,糖化和发酵同时进行,即采用复式发酵法生产;最后,中国白酒固态发酵,使用独特的蒸馏器,采用间歇蒸馏法固态蒸馏而成的。

中国白酒的主要生产原料是高粱、玉米、大米、糯米、大麦等。这些原料特点不同,酿成的酒品风味也各不相同,正如酿酒工人说得好:"高粱香、玉米甜、大米净、大麦冲"。

高粱,是中国酿造白酒历史悠久的原料,特别是用高粱生产的大曲酒,深受中国消费者的喜爱。高粱经蒸煮后,疏松适度,熟而不黏,有利于固体发酵。高粱的皮壳含有少量单宁,经过蒸煮和发酵后,能给酒带来十分独特的风味,但如果含单宁量过多则会妨碍糖化和发酵,并给成品酒带来苦涩味。

玉米,是极好的酿酒材料,因为它所含各种成分比较适宜。用玉米酿造的白酒口味醇和甜绵,我国广大地区都使用玉米作为酿酒原料。玉米蒸煮后疏松而不黏,有利于固体发酵,但是玉米的胚芽中含有较多的脂肪,发酵过程中其氧化物会使酒产生异味,酒味不纯净。因此,用玉米酿酒时最好将胚芽去掉。

大米,我国南方地区常用来生产小曲米酒。大米质地纯净,无皮壳,蛋白质、脂肪含量也较少,有利于缓慢地低温发酵。用大米生产的酒也较为纯净,并带有特殊的米香。

大麦,因其淀粉含量低,蛋白质和脂肪含量较高,不利于酿造口味纯正的白酒,所以,酿酒工人通常用大麦作为制曲原料,而很少直接用来生产白酒。

甘薯酿成的酒,有十分明显的薯干味。但薯干含有较多的果胶质,容易生成甲醇,因此,在使用薯干酿酒时必须严格筛选原料,要讲究工艺,以保证成品酒的纯净。

二、中国白酒的分类

中国白酒种类繁多,分类方法也各不相同,常见的分类方法有以下几种:

1.按糖化发酵剂分

(1)大曲酒。是以大曲为糖化剂酿制而成的酒。大曲的原料主要是小麦、大麦,加上一定数量的豌豆。大曲又分为中温曲、高温曲和超高温曲三类。大曲酒一般采用固态发酵,所酿酒品质量较好,多数名优酒均以大曲酿成。

(2)小曲酒。是以小曲为糖化剂酿制而成的酒。小曲一般以稻米为原料制成,小曲酒多采用半固态发酵,南方的白酒多以小曲酒为主。

(3)麸曲酒。是以麸曲为糖化剂,加酒母发酵酿制而成的酒。此类酒品分别以纯培养的曲霉菌及纯培养的酒母作为糖化、发酵剂,发酵时间较短,由于生产成本低,为多数酒厂采用,此种类型的酒产量最大。

(4)混曲法白酒。主要是以大曲和小曲或麸曲等为糖化发酵剂酿制而成的白酒,或以糖化酶为糖化剂,加酿酒酵母等发酵酿制而成的白酒。

2.按生产工艺分

(1)固态法白酒。是以粮谷为原料,采用固态或半固态糖化、发酵、蒸馏、经陈酿、勾兑而成的,未添加食用酒精及非白酒发酵产生的呈香呈味物质,具有本品固有风格特征的白酒。

(2)液态法白酒。是以含淀粉、糖类物质为原料,采用液态糖化、发酵、蒸馏所得的基酒

(食用酒精),可调香或串香,勾调而成的白酒。

(3)固态法白酒。是以固态法白酒(不低于30%)、液态法白酒,食用添加剂勾调而成的白酒。

3.按香型分

(1)浓香型白酒

浓香型白酒是以粮谷为原料,经传统固态法发酵、蒸馏、陈酿、勾兑而成的,未添加食用酒精及非白酒发酵产生呈香呈味物质,具有乙酸乙酯为主体复合香的白酒。以泸州老窖特曲、五粮液、洋河大曲等酒为代表,以浓香甘爽为特点,发酵原料是多种原料,以高粱为主,发酵采用混蒸续渣工艺,使用陈年老窖进行发酵和陈酿。在中国名优白酒中,浓香型白酒的产量最大。

(2)酱香型白酒

酱香型白酒是以粮谷为原料,经传统固态法发酵、蒸馏、陈酿、勾兑而成,未添加食用酒精及非白酒发酵产生呈香呈味物质,具有酱香风格的白酒。酱香型白酒以茅台酒为代表的,也称茅香型白酒。其主要特点是酱香柔润,发酵工艺最为复杂,多采用超高温酒曲作为发酵剂。

(3)清香型白酒

清香型白酒是以粮谷为原料,经传统固态法发酵、蒸馏、陈酿、勾兑而成的,未添加食用酒精及非白酒发酵产生呈香呈味物质,具有乙酸乙酯为主体复合香的白酒。以汾酒为代表,其特点是清香纯正,采用清蒸清渣发酵工艺,采用地缸发酵。

(4)米香型白酒

米香型白酒是以大米为原料,经传统固态法发酵、蒸馏、陈酿、勾兑而成的,未添加食用酒精及非白酒发酵产生呈香呈味物质,具有乙酸乙酯、β-苯乙醇为主体复合香的白酒。以桂林三花酒为代表,特点是米香纯正,以大米为原料,小曲为糖化剂。

(5)兼香型白酒

这类白酒的主要代表有西凤酒、董酒等,香型各有特征,酿造工艺采用浓香型、酱香型,或清香型白酒的一些工艺,有些酒的蒸馏工艺也采用串香法生产。

4.按酒度高低分

(1)高度白酒。酒品的酒度一般在40度以上。

(2)中度白酒。酒品的酒度一般在20~40度。

(3)低度白酒。酒品酒度一般在20度以下。

三、中国白酒的品种

中国白酒的品种繁多,下面列举历届评酒会上评出的中国白酒的著名品牌。

1.茅台酒

茅台酒,产于贵州省仁怀县茅台镇茅台酒厂,酒度为53~55度。茅台酒是采用当地优质高粱为原料,以小麦制曲,用当地矿泉水,前后经八次蒸馏、七次下窖、七次取酒,酒成后又储存3年才装瓶出厂。茅台酒具有清亮透明,醇香馥郁,入口醇厚,余香悠长的特色,酒香属酱香型。

茅台酒是中国第一名酒,国际上常以茅台酒来代表我国酒类的水平。早在1915年的巴拿马万国博览会上,茅台酒就被评为世界名酒,荣获金质奖章。近年来,在各种国际博览会、展评会上又多次荣获金奖。

2.五粮液

五粮液，产于四川省宜宾五粮液酒厂，酒度为60度左右。五粮液以高粱、大米、糯米、玉米、小麦等五种粮食为原料，使用岷江江心水，采用小麦大曲经糖化发酵，精心酿制而成。其酒香属浓香型，具有酒液清澈透明，香气浓郁悠久，味醇甘甜净爽的特点。

五粮液酒厂的新品牌有“五粮春”。

3.汾酒

汾酒，产于山西省汾阳县杏花村酒厂，酒度为60度左右。相传，早在公元550年的时候这里就开始出产汾酒，是我国白酒的始祖。它以优质高粱为主料，使用古井之水，采用传统的技术酿造而成，为我国清香型白酒的代表。汾酒具有酒液清澈透明，气味芳香，入口纯绵，落口甘甜的特点，素有色、香、味“三绝”之美称，连续三次被评为全国名酒。

4.剑南春

剑南春，产于四川省绵竹酒厂，酒度为50度和60度两种。剑南春以高粱、大米、玉米、小麦、糯米五种粮食为原料，用小麦制曲，经精心酿制而成。剑南春属浓香型白酒，具有芳香浓郁，醇和回甜，清冽净爽，余香悠长的特点。

5.古井贡

古井贡，产于安徽省亳县古井酒厂，酒度60~62度。古井贡因取古井之水酿制，明清两代均列为贡品，故得此名。古井贡以高粱为主要原料，以小麦、大麦、豌豆制曲，在传统工艺基础上，吸取泸州老窖大曲的优点，独成一家。古井贡属浓香型白酒，具有酒液清澈透明，香醇幽兰，甘美醇和，余香悠久的特点。

6.洋河大曲

洋河大曲，产于江苏省泗阳县洋河酒厂，酒度分别为55度、60度、64度三种。洋河大曲采用洋河镇著名的“美人泉”优质软水，以优质黏高粱为原料，用老窖发酵酿制而成。酒质醇香浓郁，柔绵甘冽，回香悠久，余味净爽，属浓香型白酒。

洋河酒厂的新品牌有“贵宾洋河”“今世缘”等。

7.董酒

董酒，产于贵州省遵义市董酒厂，酒度为60度。因厂址坐落于北郊的董公寺而得名。它采用黏高粱为原料，用小曲和大曲混合制成，属混合香型酒。特点是酒液晶莹透明，醇香浓郁，甘甜清爽。

8.泸州特曲

泸州特曲产于四川省泸州酒厂，酒度为60度。它以黏高粱为原料，用小麦制曲，采用龙泉井水和沱江水，以传统的老窖发酵制成，素有“千年老窖万年糟”的说法。泸州特曲酒液无色透明，醇香浓郁，清冽甘爽，回味无穷，属浓香型白酒。

第二节　白兰地

白兰地是果汁经发酵后蒸馏而成的烈性酒，该名源自荷兰语“Brandwijn”，英语称为“Brandy”。通常“白兰地”是专指用葡萄酒蒸馏而成的酒，而用其他果汁类原料蒸馏的烈性酒则被称为烧酒(eaux-de-vie)，又称为“生命之水”。

据记载,法国阿玛涅克(Armagnac)地区在1411年就开始蒸馏白兰地酒。到16世纪,法国各地都开始了白兰地酒的生产。

白兰地的生产方法是把原料发酵,蒸馏成无色透明的酒,然后用橡木桶盛装,这样橡木独特的气味和颜色在陈酿过程中渗透到酒液中,使其芳香和变成琥珀色,再进行勾兑和装瓶。

一、科涅克(Cognac,又称干邑)

法国是世界最著名的白兰地产地,无论是产量还是数量都居世界领先地位,而在法国所有的白兰地产地中,以科涅克和阿玛涅克(Armgnac)白兰地最负盛名,以地名直接称这两种酒。

科涅克是闻名世界的优质白兰地产品,出产于法国的夏朗德(Charente)省,位于著名的葡萄酒产地波尔多的东南方。该地区早先生产称不上好的淡白葡萄酒,大量产品出口到斯堪的纳维亚地区,16世纪一位荷兰船长为了将更多的葡萄酒运往荷兰,便将葡萄酒进行蒸馏,取其精华,等运到荷兰后再兑水稀释成葡萄酒销售。令人意外的是,在他兑水之前,荷兰人就已尝到了这种蒸馏酒,觉得口味很好,从此,科涅克白兰地就诞生了。

按照法国政府1928年法律规定,科涅克地区白兰地产地分了七个地区:大香槟区(Grand Champagne)、小香槟区(Petite Champagne)、波尔德里(Borderies)、凡兹园(Fins Bois)、邦兹园(Bons Bois)、奥尔迪南雷园(Bois Ordinaires)、松门园(Bois Communs)。这七个地区葡萄种植园地的土壤都为白垩土质,土壤中的白垩土含量越高,生产出的科涅克质量也就越高。

用于生产科涅克的葡萄品种有白福勒(Folle Blanche)、圣·艾米利翁(St.Emillion)、白于格尼(Ugni Blanc)和科隆巴尔(Colombar)等白葡萄,完全发酵后产生8%~10%的酒精,采用夏朗德铜制烧锅,进行间歇式蒸馏,“去头掐尾”,只留取酒心部分,再用夏朗德省利摩赞山的橡木制的酒桶进行陈酿。一般用于出口的科涅克,至少要陈酿3年以后才由专门的调酒师勾兑装瓶上市。

目前,科涅克酒质量分如下几个等级:

陈年老酒 VSO(Very Superior Old):一般陈酿3年左右;

远年陈酿老酒 VSOP(Very Superior Old Pale):酒色透亮,至少必须陈酿4年半以上,但许多酒坊在勾兑时会加入20~30年的陈酒。

XO(Extremely Old):是科涅克极品,由陈酿20~130年的科涅克勾兑而成。

有些厂家,把生产出的白兰地用星级划分,从一星到五星,每星表示陈酿1年;还有些厂家用“拿破仑 Napoleon”表示质量,一般拿破仑白兰地都是陈酿5年以上的优质酒品,而不是从拿破仑时代留下来的白兰地。

科涅克著名的品牌有:

1.马爹利(Martell)

马爹利酿酒公司创建于1715年,至今已近300年的历史。它拥有多家蒸馏厂和协约蒸馏厂及葡萄园十多处。

马爹利的口味清淡,稍带点辣味,且入口葡萄香味绵延长留,入口难忘,三星马爹利是这种特征的典型代表,十分畅销;VSOP马爹利含有桶香,也含有充分的浓度;蓝带马爹利(Cordon Bleu)是高雅浓度的华丽白兰地;而拿破仑马爹利是平衡风味的极品;超级马爹利

(Extra)是已有 60 年的高级品,芳醇绝佳,一年只生产 1400 瓶。

2.轩尼诗(Hennessy)

轩尼诗公司是专门调配勾兑优质科涅克的公司,该公司的特点是把成熟的白兰地装入新制的利摩赞橡木桶,充分吸收新桶木材的味道,然后再装入旧桶陈酿。酒标上印着手持武器手臂图案的,是品质稳定普及品;VSOP 是含有很强的酒桶香味,味道美妙;拿破仑是轩尼诗中最高雅的酒品;XO 是把经过酒桶成熟后的酒浓度充分表现出来的豪华品,通常用水晶瓶装。

3.人头马(Remy Martin)

人头马公司创立于 1724 年,仅次于马爹利公司,该公司都是用 7 年以上的原酒来调配。而且装在白色橡木桶内储存近一年,等产生碳磷酸的香味后,再每年调配一次,仍然放入旧木桶中,等到第 5 年再装瓶,这就是人头马 VSOP;拿破仑人头马是精品,有高贵品质;"路易十三"是以 20 年以上的原酒来调配,酒液以巴卡拉公司模仿皇家御用的酒器盛放,其华丽的设计颇受收藏者青睐。

4.库瓦西埃(Courvoisier)

库瓦西埃公司与马爹利、人头马并称科涅克三大白兰地生产企业,创立于 1790 年。由于创始人与拿破仑的亲密关系,故该公司产品皆以拿破仑立像为象征。三星库瓦西埃,略带甜味,占总产量的 80%;VSOP 是豪华型产品;拿破仑和特级库瓦埃(Imperial)是浓度稳定的限定品;超级(Extra)库瓦西埃是储存 20 年以上的高级品,风味高雅。

此外,科涅克地区优质的白兰地酒品还有:百事吉(Bisquit)、奥吉(Augier)、德拉曼(Delamain)、金花(Camus)、费奥维(F.O.V.),等等。

科涅克白兰地饮用时使用特制酒杯,可温热酒杯,但不可加冰块,因为这样不利于酒香的扩展。

二、阿玛涅克(Armagnac)

科涅克是世界公认的最佳白兰地,而具有"加斯科涅液体黄金"美誉的阿玛涅克白兰地的生产却整整比科涅克早了两个世纪。

阿玛涅克位于加斯科涅(Gascony)地区,生产用绝对间歇式的蒸馏方法,陈酿期间,酒桶堆放在阴冷黑暗的酒窖中,窖主则根据市场销售的需要勾兑出各种等级的酒品,酒度为 40 度左右。根据法律规定,阿玛涅克至少陈酿 4 年以上才可以冠以 VO 和 VSOP 等级标志,Extra 表示陈酿 5 年,而拿破仑则表示陈酿 6 年。

阿玛涅克三大产区是下阿玛涅克(Bas Armagnac)、上阿玛涅克(Haut Armagnac)和泰纳雷泽(Tenareze)地区。葡萄品种主要有圣·艾米利翁、白福勒和科隆巴尔等。阿玛涅克大多呈琥珀色,色泽深暗,酒香浓郁,回味悠长。著名品牌有夏博特(Chabot)。

夏博特是阿玛涅克最好的白兰地酒品,它从 16 世纪就由夏博特家族开始生产,至今经久不衰,产品畅销世界各地。其中"金色徽章"(Blason Dor)是常用的普及品;拿坡仑夏博特是圆满芳醇风味的高级品;超级夏博特(Extra Old)更成熟,是最高级品。

三、法国白兰地(French Brandy)和玛克(Marc)

法国白兰地当推科涅克和阿玛涅克最著名。除了以上两种白兰地外,法国其他地方也能生产优秀白兰地酒,它们统称为"法国白兰地"。一般无须经过长时间成熟,只储存很短时间即装瓶上市销售。

玛克是指在葡萄酒产地,把经过压榨的葡萄残渣用来制造的白兰地。它必须用较高酒精含量的酒来蒸馏,然后储存在橡木桶中等待成熟。著名的有勃艮第玛克、普罗旺斯玛克等。酒色透明,果香明显,刺激大,后劲足。

四、水果白兰地

白兰地不但可以用葡萄制成,其他水果如苹果、梨、桃子、草莓、杏、李子、野草莓和樱桃等都可以制成白兰地酒,且风格独特。

1.苹果白兰地

法国诺曼底地区生产的苹果白兰地可称为 Calvados,而其他地方不能用此称呼。在美国只能称"Apple Jack",加拿大称"Pomal",德国称"Apfelschnapps"。

2.樱桃白兰地(Kirch)

在法国,水果白兰地还被称为烧酒(Eaux-de-Vie),它主要的代表是樱桃白兰地,德国、瑞士等都生产樱桃白兰地。

3.瑞士生产的威廉梨酒(William)

具有浓郁的梨子香味,瓶中装有一只完整的梨,价格较贵。

五、其他白兰地产地

除法国外,世界上还有很多国家和地区生产白兰地,如西班牙、意大利、德国、葡萄牙、奥地利、希腊、土耳其、美国和加拿大等国家。

1.西班牙

西班牙白兰地的风格是柔和而芳香,喜爱者甚多,名品有芬达岛(Fundador)、卡洛斯(Carlos Ⅲ)。

2.意大利

意大利白兰地的生产历史也较早,最初主要是生产玛克,且以内销为主,1915 年实行品质管理后,白兰地才正式出现。意大利白兰地风味比较浓重,饮用时最好加冰或加水冲调。著名的酒品有布顿(Buton)、斯道克(Stock 84)、贝卡罗(Beccaro)等。

3.希腊

希腊白兰地口味如同甜酒,具有独特的甜味和香味,梅塔莎(Metaxa)是希腊最著名的陈年白兰地,有"古希腊猛将精力的源泉"之誉。

4.美国

美国白兰地主要产自加利福尼亚地区,以连续蒸馏法制成,口味清淡,颇具现代风味,著名的酒品有克里斯汀兄弟(Christian Brothers)。

5.日本

日本白兰地近代发展较快,主要采用单罐蒸馏器生产,著名的品种有由三乐海洋公司生产的大黑天牌白兰地(Daikoku),风味非常芳香顺口。另外,还有三得利公司生产的三得利 VSOP 和三得利 XO 等优良品种。

6.中国

中国也生产白兰地,著名的品牌是金奖白兰地。

六、白兰地品鉴与服务

1.白兰地的品鉴

白兰地的饮用与品鉴必须使用专门的白兰地杯,即大肚球形杯。这种杯形能使白兰地的芳香成分在手心温度的作用下,缓缓上升,充分展现。品鉴白兰地时,杯中酒液容量不能太多,一般以1盎司(30毫升)左右为宜,这样有利于杯子中能留出足够空间,让白兰地的芳香在杯中得到充分发挥,品酒者也可以进行仔细分析、鉴赏。

品鉴白兰地分三步进行:

第一步,观色。即将白兰地酒杯举起,对着自然光观察酒液的清澈度和颜色。上好的白兰地应该是澄清透亮,具有光泽,酒色呈琥珀色。

第二步,闻香。即通过嗅觉,感受白兰地的香气。白兰地的芳香成分非常复杂,既有优雅的葡萄香,又有浓郁的橡木香,还有在蒸馏过程中产生的脂香和陈酿香。当鼻子接近酒杯时,能闻到一股优雅的芳香,这是白兰地的前香;然后轻轻摇动杯子,白兰地特有的芳香便渐渐散发出来,这种特有的醇香会因为品种的不同而不同,这其中有椴树花香、葡萄花香、干葡萄嫩枝的香味、压榨后的葡萄渣的香味,还可能是紫罗兰、香草等的香味,这种香非常细腻、优雅浓郁。

第三步,品尝。即喝一小口白兰地酒,在口中扩散回旋,细细品味。由于白兰地本身成香成分复杂,因此,品尝出的口味也各不相同。有乙醇的辛辣味,有单糖的微甜味,有单宁多酚的苦涩味,以及有机成分的微酸味。优质白兰地的酸甜苦辣诸味相互协调,相辅相成,品味之中,醇美无暇,回味无穷。细细品味,可以体察到白兰地奇妙的酒香、滋味和特性。

2.饮用场合

白兰地一般作为餐后酒饮用,也可以在休闲时饮用。

3.饮用分量

一般酒店酒吧供应白兰地时,通常以份为单位,一份容量为1盎司,约30毫升。

4.饮用载杯

白兰地通常使用专门的白兰地杯,俗称大肚杯。酒杯肚大,杯脚短,正好适合托在手心,让手心的温度传导到酒中,使酒温提高,以利酒香的散发。

5.白兰地饮用方法

(1)净饮。即将1盎司白兰地倒入白兰地酒杯中,供饮酒者饮用,不添加任何其他材料。净饮可以让饮用者充分品尝原汁原味的白兰地,体会白兰地独特的酒香。

(2)加冰块饮用。将少量冰块放入白兰地酒杯中,加1盎司白兰地。

(3)加水饮用。即在白兰地中加入冰水、矿泉水等。

(4)作为酒基调制鸡尾酒。

第三节 威士忌

威士忌一词源自苏格兰古语,意为生命之水(Water of Life)。威士忌酒以大麦、玉米、稞麦和小麦为原料,经过发芽、烘烤、制浆、发酵、蒸馏、熟化、勾兑等程序生产而成。

威士忌的生产仍然采用传统的罐式蒸馏法蒸馏而成,且至少蒸馏两次,然后酒液在橡木桶中陈酿3年以上,形成独特的酒香和色泽,由勾兑师根据不同品牌需要,进行勾兑,装瓶上市销售。

威士忌常见的饮用方法:

(1)净饮:不加任何配料直接饮用。

(2)加冰:加入冰块混饮。

(3)加苏打水:加冰和苏打水混饮。

(4)调制各种风味的鸡尾酒。

(5)爱尔兰咖啡:使用爱尔兰威士忌和热咖啡等配料调制的热饮料。

世界著名的威士忌有苏格兰威士忌、爱尔兰威士忌、美国威士忌和加拿大威士忌。

一、苏格兰威士忌

苏格兰威士忌(Scotch Whisky)生产历史已500多年了。根据史料记载,苏格兰威士忌起源于1494年。当时威士忌酒只在苏格兰人之间饮用,而且因为没有储存陈酿,口味并不很好。到18、19世纪时,许多威士忌蒸馏者为了逃避政府税收,逃到了深山老林密造私酒。由于燃料不足,就用泥炭来代替,容器不够就用西班牙雪利酒的空桶来装,一时卖不出去就储藏在山间小屋里,于是因祸得福,反而产生了风味卓绝的威士忌,形成了苏格兰威士忌独特的制作方法,即用泥炭烘烤麦芽和用木桶陈酿。

苏格兰威士忌其生产原料以大麦为主。大麦含有丰富的淀粉,生产过程包括大麦发芽、泥炭烘烤、制浆、发酵、蒸馏和勾兑等。

苏格兰威士忌有四个主要产地,不同产地其产品风格迥然不同:

1.苏格兰高地

苏格兰高地(Highland)是公认的最高级的麦芽威士忌产地,其生产的威士忌特点是口味淡雅,酒体完美,具有很清爽的木炭香味。

2.苏格兰低地

苏格兰低地(Lowland)生产的威士忌酒性温和,酒香清淡。

3.坎贝尔镇

坎贝尔镇(Campheltowns)生产酒体十分完美的焦香威士忌。

4.艾莱地区

艾莱地区(Islay)生产的威士忌酒体完美,焦香浓郁,有时十分强烈,酒液给人以一种油状的感觉。

苏格兰威士忌分为麦芽威士忌、谷物威士忌和调配威士忌三类:

1.麦芽威士忌

以大麦为主要原料,将发芽的大麦用泥炭烘烤,麦芽烘干后压碎,不断加入不同温度的水,使麦芽中的淀粉分离出来;含有大量淀粉的液体被泵入发酵罐,待冷却后加入酵母进行发酵,由淀粉转化成的糖经过发酵变成酒精和二氧化碳,发酵结束后进行蒸馏。蒸馏过程中提去酒头部分重新蒸馏,掐去酒尾部分,最后只留下酒心部分装入陈酿桶陈酿。经过陈酿的威士忌,再由调酒师勾兑上市,这是苏格兰麦芽威士忌的主要生产方法。

2.谷物威士忌

以玉米为主要原料,即80%的玉米和20%的麦芽,使其糖化发酵,连续蒸馏出高浓度的酒精,再用水冲淡,放在木槽中待其成熟。这种威士忌没有木炭的焦香,酒精度数不高,缺乏普通威士忌的酒力,因而一般市场上没有销售,主要为了与麦芽威士忌调配成另一种新型的风格独特的威士忌,称为调配威士忌。

3.调配威士忌

调配威士忌的调配比例各厂家一般都保密,大致以麦芽威士忌比例较大。目前,调配威士忌已成为苏格兰威士忌的主流,因为麦芽威士忌的酒性较强,不适合一般人的口味,需要加入风味清淡、味道平衡且顺口的谷物威士忌。

苏格兰主要的威士忌厂家有130多家,著名的品牌有:

1.格兰菲迪

格兰菲迪(Glenfiddich)是苏格兰高地的单种麦芽威士忌,具有辣味和野草的香味,以高瓶为其公司产品的特征,是苏格兰高地麦芽威士忌最畅销的名品牌。

2.百龄坛

百龄坛(Ballantine)是以百龄坛生产的八种麦芽威士忌为主,再掺杂42种威士忌来调配而成的产品,有标准品、12年、17年、30年等四种陈酒,在调配威士忌中评价很高。

3.金铃

金铃(Bell's)是苏格兰本地销量最好的调配威士忌,其标准品有Extra special的字样,且瓶颈都贴有《圣经》中的一句话:"Afore ye go",意思是"你前进吧!"。最高级品是陶瓷瓶装的20年陈酒。

4.顺风牌

顺风牌(Cutty Sark)具有现代风味的清淡型威士忌酒,酒性比较柔和。黄牌顺风是普及型酒,Berry's Best是陈酿10年的豪华品,顺风12年是用12年以上的原酒调配成的高级品。此外,还有最高级的圣·詹姆斯(St. Jame's)顺风牌威士忌老酒。

5.芝华士

芝华士(Chivas Regal)具有200年的生产历史。1843年,该酒曾为维多利亚女王御用,是一种很豪华的12年陈酒。

6.约翰·渥克

约翰·渥克(Johnnie Walker)销量第一,常见的有红方和黑方两种。红方(Red Label)稍有辣味,但很顺口;黑方(Black label)则是含麦芽威士忌较高的酒品,其质量高于红方。

7.老伯

老伯(Old Parr)得名于英国一位名叫汤姆斯·伯的152岁老寿星。口味略甜,比较顺口,酒瓶是独特的四角形咖啡色玻璃瓶,属于12年的豪华型陈酒,酒瓶背面还有老伯的肖像画。

8.其他

百笛(100 pipers)、龙津(Long John)、珍宝(J&B)、大使牌(Ambassador)、教师牌(Teacher's)、白马牌(White Horse)、大本钟(Big Ben)等。

二、爱尔兰威士忌(Irish Whiskey)

爱尔兰是举世公认的威士忌的发祥地,早在1171年英国亨利二世的军队征服爱尔兰时就曾喝过威士忌,这是关于威士忌最早的文字记录。爱尔兰威士忌的生产也是受到了炼金术士蒸馏术的影响。炼金术首先传到了爱尔兰,产生了爱尔兰威士忌,然后才传到苏格兰,从而形成了威士忌早期的酿造历史。

爱尔兰威士忌具有酒液浓厚、油腻、辣味、无泥炭烟熏味的特点。其生产方法大致与苏格兰威士忌相同,主要的区别是使用的生产原料和蒸馏次数不同,生产出的威士忌酒精强度也不一样,通常爱尔兰威士忌酒只用当地生产的原料来生产,主要原料是大麦,有发芽和不发芽的两种。此外,过去通常添加少量的小麦和黑麦,现在则添加燕麦,用罐式蒸馏器蒸馏而成。

著名的品牌有三燕牌(Three Swallows)、约翰·詹姆森(John Jamson)和老布什米尔(Old Bushmills)等。

爱尔兰威士忌口味比较醇和、适中,所以人们很少用于净饮,一般用来作为鸡尾酒的基酒。比较著名的爱尔兰咖啡(Irish Coffee),就是以爱尔兰威士忌为基酒的一款热饮。

爱尔兰咖啡的调制方法是:先用酒精炉把爱尔兰咖啡杯温热,倒入1盎司左右的爱尔兰威士忌,继续加热,并用火把酒点燃,转动杯子使酒液均匀分布于杯壁上,加糖、热咖啡,最后在咖啡上加上鲜奶油即可。

三、美国威士忌(American Whiskey)

美国威士忌又称为波旁威士忌(Bourbon Whiskey)。哥伦布发现新大陆以后,大量的欧洲移民移居北美,他们同样带去了蒸馏威士忌的技术。起初在肯塔基试种大麦,但后来发现,这里的土壤和气候更适合种植玉米,于是,在使用大麦酿制蒸馏酒的同时,也把玉米掺和到酿制原料中,他们从此便开始了玉米威士忌的蒸馏。

据记载,1789年,叶里加·莱格(Elija Craig)神父首先发现玉米、黑麦、大麦、麦牙和其他谷物可以很好地组合,并生产了十分完美的威士忌酒,由于当时他所处的位置在肯塔基波旁镇,故把这种威士忌命名为"波旁",以区别于宾夕法尼亚黑麦威士忌。波旁威士忌用沙洲中奔流的一股清新的泉水做酒,因为这种泉水完全不含铁和其他有害威士忌口味的矿物质,直至今天仍然如此。

在美国,宾夕法尼亚、印第安纳和肯塔基,这些地方生产的威士忌质量都很高。

如今,美国波旁威士忌的生产有以下两个重要规定:一是生产原料中必须有51%以上的玉米,二是蒸馏后的酒精含量要在40度以上、62.5度以下,这样生产出的波旁原酒,再与其他威士忌或中性威士忌调配成波旁调配威士忌。

美国威士忌可分为三大类:

1.单纯威士忌(Straight Whiskey)

单纯威士忌有用原料为玉米、黑麦、小麦或大麦,酿制过程中不混合其他威士忌酒或谷类中性酒精,制成后需放入炭熏过的橡木桶中至少陈酿两年。另外,单纯威士忌可以是以一种谷物为主(一般不少于51%),再加入其他原料。单纯威士忌又可以分为四类:

(1)波旁威士忌(Bourbon Whiskey)。波旁是美国肯塔基州的一个地名,所以,波旁威士忌又称为Kentucky Straight Bourbon Whiskey,它是用51%~75%的玉米谷物发酵蒸馏而成的,在新制成,内壁经烘烤的白橡木桶中陈酿4~8年,酒液呈琥珀色,香味浓郁,口感醇厚绵柔,回味悠长,酒度43.5°。

按照美国酒法规定,只要符合以下三个条件的产品,都可以成为波旁威士忌。

一是酿造原料中玉米至少占51%;

二是蒸馏出的酒液酒精度数应在40°~80°;

三是以酒度40°~62.5°贮存在新烘烤的橡木桶中,贮存期在2年以上。

(2)黑麦威士忌(Rye Whiskey)。黑麦威士忌也称裸麦威士忌,是用不少于51%的黑麦及其他谷物酿制而成的。酒液呈琥珀色,味道与波旁威士忌不同,具有较为浓郁的口感,因此不太受现代人的喜爱。

(3)玉米威士忌(Corn Whiskey)。是用不少于80%的玉米和其他谷物酿制而成的威士忌酒,酿制完成后,用旧木桶进行陈酿。

(4)保税威士忌(Bottled in Bond)。这是一种纯威士忌,通常是波旁威士忌或黑麦威士忌,但它是在美国政府监督下制成的,政府不保证它的品质,只要求至少陈酿4年,酒精纯度在装瓶时为50%,必须是一个酒厂制造,装瓶厂也为政府所监督。

2.混合威士忌(Blended Whiskey)

这是用一种以上的单一纯威士忌,以及20%的中性谷类酒精混合而成的威士忌酒,装瓶时,酒度为40°,常用来作混合饮料的基酒。分三类:

(1)肯塔基威士忌,是用该州所生产出的纯威士忌酒和谷类中性酒精混合而成的。

(2)纯混合威士忌,是用两种以上纯威士忌混合而成,但不加中性谷类酒精。

(3)混合淡质威士忌,是一种新酒,用不多于20%的纯威士忌和40°的淡质威士忌混合而成。

3.淡质威士忌(Light Whiskey)

淡质威士忌是美国政府认可的一种新威士忌,蒸馏时酒精纯度高达80.5°~94.5°,用旧桶陈年。淡质威士忌所加的50°的威士忌不得超过20%。

波旁威士忌的品种较多,大都呈棕红色,清澈透亮,清香优雅,口感醇厚、绵柔和回味悠长,其中著名的品种有四玫瑰(Four Roses)、吉姆·比姆(Jim Beam)、西格兰姆7(Seagram's 7)、杰克·丹尼尔斯(Jack Daniel's)等。

四、加拿大威士忌(Canadian Whisky)

加拿大威士忌又称为黑麦威士忌(Rye Whisky),其主要生产原料为黑麦、玉米及其他谷物。加拿大威士忌是典型的清淡型威士忌酒品。

加拿大威士忌生产方法与爱尔兰威士忌相同,经过圆柱形蒸馏器蒸馏完毕后,酒液被装入50加仑的小木桶在13℃和65%的湿度下储存。加拿大威士忌基本上使用美国威士忌酒桶陈酿,因为大多数美国威士忌生产厂商的橡木桶只使用一次便不再使用了。加拿大威士忌必须至少陈酿4年才能勾兑和装瓶销售,陈酿时间越长酒液越芳醇。加拿大威士忌按质量分陈酿4~5年、8年、10年和12年四类。

加拿大威士忌的主要产地是翁塔里奥(Ontario),其他还有魁北克(Quebec)、英属哥伦比亚(British Columbia)和阿尔伯塔(Alberta)。

著名的品牌有风味清淡爽快的加拿大俱乐部(Canadian Club,CC);施格兰VO(Seagram VO)清淡顺口的6年陈酒;古董牌(Antique);加拿大会所(Canada House)和阿尔伯塔(Alberta)等。

加拿大威士忌以口味清淡,芳香柔顺而名闻遐迩,是很适合现代人口味的现代派酒品。它可以单饮,也可以加淡水饮用,这样更能显示其精细的品质。如果加冰或其他软饮料饮用,那么酒液的风味就不一样了。

第四节 其他蒸馏酒

在世界著名的蒸馏酒中,除了白兰地、威士忌外,还有金酒(Gin)、伏特加(Vodka)、朗姆(Rum)和特基拉(Tequila)等。

一、金酒

又称杜松子酒,有人把它称为混合蒸馏酒,因为金酒在蒸馏过程中加了杜松子等植物。

金酒生产起源于1660年。当时,荷兰莱登(Leyden)大学医学院一位名叫西尔维亚斯(Sylvius)的教授,发现杜松子有利尿作用,于是将杜松子浸泡在酒精中,然后蒸馏出一种含有杜松子成分的药用酒。经临床发现,这种酒还同时具有健胃、解热等功效,很受消费者欢迎。在荷兰被称为“吉尼瓦”(Geneva或Genever),一直引用至今。

17世纪,杜松子酒由英国海军带回到伦敦,很快打开了市场,很多制造商到伦敦大规模生产金酒,并改为“GIN”以便发音。随着生产的不断发展和蒸馏技术的进一步普及和提高,英国金酒逐渐演变成一种与荷兰杜松子酒口味截然不同的清淡型烈性酒。

金酒是用谷物酿成的中性酒精,加上杜松子生产而成。此外,其他植物如芫荽、黄蒿、菖蒲根、小豆蔻、当归等都可以用来加入酒精蒸馏成酒,但每个酒厂都有自己的秘密制作方法,以生产出高质量的酒品。

形成金酒独特风格的重要因素有精馏酒精,精馏酒精必须不含一点杂质;其次是植物品种完全由生产者选择;再就是蒸馏器的设计与控制。金酒蒸馏完毕以后一般可以直接稀释装瓶上市,而不需要任何陈酿过程。

金酒主要有以下几种:

1.伦敦干金酒(London Dry Gin)

伦敦干金酒泛指清淡型的金酒品种,不仅英国生产,美国等世界其他国家都有生产。这类金酒主要用玉米、大麦和其他谷物制成,生产过程包括发芽、制浆、发酵、蒸馏,然后稀释至40度左右装瓶销售。这种金酒无色透明,没有香味,但很受欢迎。

著名的品牌有:

(1)比菲特(Beefeater)

口味爽快,入口顺畅,大多用来调制马提尼鸡尾酒,有人称之为“御林军金酒”。

(2)布斯(Booth's)

又称红狮牌,口味清爽,明快,让人入口难忘。

(3)哥顿斯(Gordon's)

又称狗头牌金酒,它不仅在英国,乃至在全世界也十分有名和畅销,是目前销量最好的金酒。

此外,还有布洛茨(Burnett's)和波尔斯(Bols)等。

2.荷兰金酒(Holland's Genever)

荷兰金酒更具完美和成熟的香味,它同样使用植物一起蒸馏,但所含比重不同,所生产的金酒在口味上与伦敦金酒也不一样,它一般经过三次蒸馏,产品具有独特的香味,酒精含量较低,产品主要用于荷兰本地市场,很少外销。著名的品牌有波尔斯(Bols)和波克马(Bokma)等。

金酒常用于调制各种混合酒品,最受欢迎的是干金酒加汤宁水(Tonic Water)。

二、伏特加(VODKA)

伏特加最早起源于东欧国家,虽然它是俄罗斯的国酒,但很多权威人士都始终认为它的产生与波兰有千丝万缕的联系。

伏特加之名源自俄语“Voda”,是“水”或“可爱的水”的意思。据记载,俄罗斯最早在公元12世纪就开始蒸馏伏特加酒,当时主要是用于医治疾病,生产原料是一些便宜的农产品,如小麦、大麦、玉米、马铃薯和甜菜等。

欧洲伏特加是以马铃薯为主要原料生产的烈性酒,在经过第二次罐式蒸馏后,伏特加用木炭进行过滤,把酒液中所有的香味过滤掉。这种十分温和的烈性酒通常不需要陈酿,但在波兰,伏特加一般至少要在木桶中陈酿5年。伏特加的质量完全取决于用于蒸馏的原酒以及用来稀释的蒸馏水的质量。至于调香伏特加,木桶陈酿当然可以增加其平和的芳香。

目前,波兰和一些东欧国家仍然生产许多调香伏特加,主要有波兰的佐波罗卡(Zubrowka),这是用一种叫佐波罗卡的草调香而成的伏特加酒,酒液具有明显的草香,由于草的颜色渗透到酒中,有时被称为绿色伏特加。斯达尔卡(Starka)是俄罗斯传统的伏特加品种,它是将用苹果和梨树浸渍过的酒液进行蒸馏,并加入了少量的白兰地和波特酒,因此酒液芳醇,带有宜人的香味和葡萄酒的果香。

伏特加酒在世界上销量最大的是无色无味、酒液透明的中性品种,以俄罗斯产品为最多。著名的品种有加:

(1)莫斯科夫斯卡亚(Moskovskaya) 莫斯科夫斯卡亚尖锐辛辣,感觉十分刺激。

(2)斯道力西那亚(Stolichnaya) 斯道力西那亚口味十分柔软细腻,苏联人喜欢把它连瓶冰冻后再佐以鱼子酱,号称是世界上最高的享受。

(3)斯道洛法亚(Stolovaya) 斯道洛法亚澄净透明,口味清爽,很适合于在餐桌上饮用。

此外还有美国道的著名的伏特加斯密尔洛夫(Smirnoff),也十分畅销。

伏特加的饮用方法:

1.纯饮。伏特加纯饮时,备一杯凉水,以常温饮用伏特加,干杯是其最主要的饮用方式,也就是一口将一份酒直接干了。但许多人喜欢将伏特加冰镇后饮用。

2.冰镇。即将伏特加冰镇后再饮用。冰镇后的伏特加略显黏稠,入口后酒液蔓延,口感醇厚,入腹则顿觉热流遍布全身,若同时有鱼子酱、烤肠、咸鱼、野菇等佐餐,更是一种绝美享受。冰镇伏特加通常用小杯盛放,一般不能细斟慢饮,而是一口干完。

3.兑饮。也就是兑和其他饮料一起饮用。更多的是用作基酒调制鸡尾酒。

三、朗姆酒(Rum)

朗姆酒是采用甘蔗汁或糖浆发酵而成。朗姆酒的原产地是加勒比海地区的西印度群岛。17世纪,在巴巴多斯岛(Barbados),一位精通蒸馏技术的英国移民面对茂盛的甘蔗园,潜心钻研,终于成功地制造出了朗姆酒。刚研究成功的朗姆酒十分强烈,使得初喝此酒的当地土著居民一个个酩酊大醉,十分兴奋,而“兴奋”一词当时英语里称为“Rumbullion”,于是他们便用词首用来命名这种新酒,把它称为“RUM”。

朗姆酒的生产方法基本上与威士忌相同,主要生产过程包括发酵、蒸馏、陈酿和勾兑等。目前,常用的朗姆酒有淡色和深色两种,淡色和黄色朗姆酒略有糖蜜味,黄色的略甜,较醇。

1.朗姆酒的分类

(1)根据风味特征分

朗姆酒根据风味特征可分为两类:

①浓香型朗姆酒。浓香型朗姆酒是由掺入榨糖残渣的糖蜜在天然酵母菌的作用下缓慢发酵制成的。酿成的酒在蒸馏器中进行2次蒸馏,生成无色的透明液体,然后在橡木桶中熟

化5年以上。浓香型朗姆酒呈金黄色，酒香和糖蜜香浓郁，辛味醇厚，酒精含量45°~50°。

②清淡型朗姆酒。清淡型朗姆酒用甘蔗糖蜜、甘蔗汁加酵母进行发酵后蒸馏，在木桶中储存多年，再勾兑配制而成。酒液呈浅黄到金黄色，酒度在45°~50°。

(2)根据原料及酿造方法分

①银朗姆(Silver Rum)。又称白朗姆，是指蒸馏后的酒需经活性炭过滤后入桶陈年一年以上。酒味较干，香味不浓。

②金朗姆(Golden Rum)。又称琥珀朗姆酒，是指蒸馏后的酒需存入内侧烘烤焦的旧橡木桶中至少陈酿三年。该酒酒色较深，酒味略甜，香味较浓。

③黑朗姆(Dark Rum)。又称红朗姆，是指在生产过程中需加入一定的香料汁液或焦糖调色剂的朗姆酒。酒色较浓，酒味芳醇。

2.著名品牌

(1)百家地(Bacardi)　百家地产自波多黎各，是最优秀的品种，尤其是白牌百家地，没有了桶装朗姆酒的琥珀色，无色透明。

(2)哈瓦纳俱乐部(Havana Club)　哈瓦纳俱乐部是古巴继百家地之后又一具有代表性的朗姆酒，一般要在橡木桶中经过3年的酿制才出品，有十分顺口的辣味。

(3)玛亚斯(Mayers)　玛亚斯是由牙买加生产，是经过8年成熟后才装瓶销售的。

(4)老牙买加(Old Jamaca)　老牙买加是牙买加所产的深色厚重型朗姆酒，适合于制作点心。

此外，还有登Q(Don Q)、容里科(Ronrico)、科鲁巴(Coruba)、老虎牌(Tiger)等。

四、特基拉(Tequila)

特基拉是墨西哥特有的烈性酒，是用玛圭(Maguey)龙舌兰蒸馏酿造而成的。玛圭龙舌兰是墨西哥特有的植物，生长在墨西哥中央高原北部的哈斯克州，由于它的产地主要集中在特基拉村一带，故生产出的酒被称为"特基拉"。

玛圭龙舌兰从栽培到收割要8到10年时间。收割后的龙舌兰首先要摘掉叶子，然后将其根部70~80厘米处切割成块，用蒸汽锅加热，使其淀粉质变成糖分，经过榨汁后就可以得到一种甜味的汁液，这种汁液经过发酵，并采用连续蒸馏法蒸馏，即生产出酒精度达到45度左右、具有龙舌兰天然风味的特基拉酒。

粗犷豪爽的特基拉酒由于采用独特的原料制成，深受墨西哥印第安人的喜爱。他们根据酒的特性，创造了举世无双、奇特无比的饮用方法：饮用特基拉酒时，左手拇指与食指中间夹一块柠檬，在两指间的虎口上撒少许盐，右手握着盛满特基拉的酒杯，首先用左手向口中挤几滴柠檬汁，一阵爽快的酸味扩散到口中，举起右手，头一昂，将特基拉一饮而尽。45度的烈酒和着酸味、咸味如火球一般从嘴里顺喉咙一直燃烧到胃里，十分精彩和刺激。喝特基拉时一般不再喝其他饮料，否则会冲淡它的原始风味。

特基拉是一种酒体很重的烈性酒，目前在北美特别是在各大学校园内十分流行。它十分适合于调配鸡尾酒，近年来有很多鸡尾酒都是由特基拉加上果汁、香甜酒调配而成。

著名品牌有：奥尔买加(Olmaca)、科尔弗(Cuervo)、斗牛士(El Toro)、道梅科(Domeco)、海拉杜拉(Herradura)、玛丽亚西(Mariachi)、欧雷(Ole)和索查(Sauza)等。

五、阿夸维特(Aquavit)

阿夸维特是北欧和德国北部地区特产酒。有"Aquavit"和"Akvavit"两种写法。这种被称为“烧酒”的烈性酒，是丹麦、德国、挪威和冰岛等国的国酒，一般在德国、挪威称之为“Aquavit”，丹麦等称为“Akvavit”。

阿夸维特的主要原料是马铃薯，将马铃薯煮熟后，再以裸麦或大麦芽经糖化、发酵，然后使用连续蒸馏法制出纯度高达95%的蒸馏液，这种蒸馏液用蒸馏水稀释后，加上各种草根、木皮等芳香物。就其制法来说类似于金酒，酒度一般在40~45度。

著名的品牌有：瑞典产的安德森（O.P.Anderson）、斯凯尼（Skane）；丹麦产的阿尔博格（Aarlborg）、克里斯琴·哈伍那（Christians Havner）和船长（Skipper）；挪威产的利尼（Linie）和德国产的银狮（Silberlowe）等。

除了已经介绍的蒸馏酒外，还有很多国家利用本土资源，灵活地运用蒸馏技术，蒸馏出了难以计数的烈性酒，如东南亚米酒、西亚棕榈子酒、中东椰枣酒和各种水果白兰地等，但这些酒大多自产自销。

本章小结

蒸馏酒又称为烈性酒，它是利用了酒精和水之间的沸点差异生产出的高酒精含量的酒品，其种类繁多，在酒店酒水销售中占有一定比例。本章系统阐述了蒸馏酒的生产原理和工艺，重点介绍了世界五大著名蒸馏酒白兰地、威士忌、金酒、朗姆酒、伏特加，及中国白酒、特基拉酒等的主要生产原料、生产方法、主要产地，并对各类酒品的特点、相关品牌和饮用方法进行了详细的阐述。

思考与练习

1.蒸馏酒是利用什么原理生产的？目前世界著名的蒸馏酒品有哪几类？

2.中国白酒品种繁多，请介绍五种著名的中国白酒品牌。

3.请说出白兰地的原料和著名的产地，著名的品牌有哪些？

4.请说出威士忌的原料、产地、著名的品牌及其特点。常见的饮用方法有哪些？

5.请说出金酒、朗姆酒、伏特加酒、特基拉酒各自的原料、著名产地、品牌、特点和习惯饮用方法。

6.请学生品尝、鉴别和讲述不同蒸馏酒的特点。

第5章 配制酒

学习重点

- 了解开胃酒的种类
- 熟悉甜食酒的种类和特点
- 掌握利口酒的主要品种和特点

配制酒通常以酿造酒、蒸馏酒为酒基加入各种酒精或非酒精物质生产而成，品种繁多，风格迥异。主要可以归纳为开胃酒、甜食酒和利口酒三大类。

第一节 开胃酒

开胃酒，也称餐前酒，是餐前饮用的酒品。具有生津开胃、增进食欲之功效，通常以葡萄酒或蒸馏酒为酒基，加上调香材料制成。

法国和意大利是世界两大著名的开胃酒产地，所产品种上千种，著名的有味美思（Vermouth）、金巴利（Campari）等。

一、味美思（Vermouth）

味美思，又称苦艾酒，有强烈的草本植物味道。

味美思通常是以白葡萄酒，特别是中性干白葡萄酒为基酒，调配各种香料，经过浸泡、浸渍或蒸馏的方法从香料中提出香味，生产成酒。常用的香料物质有苦艾、奎宁、芫荽、丁香、橘子皮、菖蒲根、龙胆根、檀香木、豆蔻、肉桂、香草等。味美思的生产过程比较复杂，每一个生产者对其配方都严格保密，但基本的生产过程包括搅拌、浸泡、冷却澄清、装瓶等工序。味美思的基本制作方法有四种：

（1）在葡萄酒中直接加入调香材料浸泡而成。

（2）在葡萄酒发酵期间，将配好的香料、药材投入葡萄汁一同发酵。

（3）预先制作好调香材料，再按比例兑入葡萄酒中。

（4）在味美思中加入二氧化碳，使其成为味美思起泡酒。

目前，世界上著名的味美思有以下三种：

1. 红味美思（Vermouth Rouge，或 Rosso） 又称甜味美思，它是在生产过程中加入焦糖和糖生产而成的一种甜性味美思，色泽呈琥珀黄色，香气浓郁，口味独特，酒度为18度，含糖量为15%。

2. 干味美思（Vermenth Dry） 由于产地不同，颜色也不一样，法国干味美思呈草黄、棕黄色；意大利干味美思是淡白、淡黄色，含糖量均不超过4%，酒度为18度。

3. 白味美思（Vermouth Blanc 或 Bianco） 白味美思色泽金黄，香气柔美，口味鲜嫩，含糖量在10%~15%，酒度18度。

此外,还有玫瑰味美思、果香味美思等。味美思的产地以法国、意大利最为著名,意大利以生产甜型味美思著称,该地生产的味美思香味大,葡萄味浓,较辣和刺激性强,饮用后有甜苦的余味,略带橘香,含葡萄原酒75%。著名的品牌有马提尼(Martini)、仙山露(Cinzano)等。法国以生产干味美思著称,含葡萄原酒80%以上,既可以用于纯饮,也可以用作鸡尾酒辅料,著名的品牌有诺丽(Noilly Prat)、杜法尔(Duval)等。

二、茴香酒(Anisette)

茴香酒,以食用酒精或烈性酒作为酒基,加入茴香油或甜型大茴香子制成。茴香油是从青茴香和八角茴香中提取出来的,一般含有苦艾素。茴香酒有无色和染色两种,酒液因品种而呈不同颜色,一般都有较好的光泽,茴香味甚浓,馥郁迷人,酒精含量为25度左右。茴香酒著名的产地是法国波尔多地区。较著名的有培诺(Pernod)、巴斯提斯(Pastis)等。培诺酒一直是人们喜爱的开胃酒,在饮用时一般要加入五倍的水稀释。

三、苦味酒(Bitter)

苦味酒,是从古药酒演变而来的,至今仍保留着药用和滋补的效用。苦味酒是用葡萄酒和食用酒精作酒基,调配多种带苦味的花草及植物的根、茎、皮等制成。现在苦味酒的生产越来越多地采用酒精直接与草药精勾兑而成的工艺。酒精含量一般在16%~24%之间,有助消化、滋补和兴奋作用。

(1)安哥斯特拉苦味酒(Angostura Bitters)　产于特立尼达,是世界最著名的苦味酒之一,以朗姆酒作酒基,以龙胆草为主要调配料,配制秘方至今分为四部分存放在纽约银行的保险箱中。此酒呈褐红色,药香宜人,常用来调配鸡尾酒,酒精含量为44%。

(2)金巴利(Campari)　是意大利生产的著名开胃酒,通常以烈性酒为酒基,用橘皮、金鸡纳霜及多种香草以独特的秘方酿制而成,酒液呈棕红色,药味浓郁,口感微苦而舒适,酒度为26度。比较流行的饮用方法是加苏打水和柠檬皮,此外还可以加橙汁、西柚汁、汤尼水等饮用。

(3)杜本内(Dubonnet)　由法国生产,是法国著名的开胃酒之一,是用金鸡纳树皮及其他草药浸制在葡萄酒中制成的。酒液呈深红色,苦味中带甜味,风格独特。杜本内有红、白两种,以红杜本内干最著名,酒度16度。

(4)佛耐·布兰卡(Fernet Branca)　产于意大利米兰,是著名的苦味酒之一,此酒号称"苦酒之王",酒精度为40度,尤其适合于健胃等功用。

四、开胃酒的饮用与服务

(1)开胃酒在餐前饮用,一般可和开胃食品一起使用,如开胃小点、干酪等。

(2)常见开胃酒的饮用方法:净饮和掺兑。一般掺兑物有:果汁、苏打水、矿泉水、冰块等。

(3)开胃酒的服务方法:

味美思、苦味酒,标准用量为45~50毫升/杯,味美思须冰镇后饮用。

苦味酒,可用苏打水冲兑,加冰块饮用。

茴香酒的标准用量为30毫升/杯,一般以清水冲兑饮用,冲兑方法是:先倒酒,然后加水,水量为酒量的5~10倍,最后加入冰块。

第二节 甜食酒

甜食酒,又称餐后甜酒,是佐助餐后甜点时饮用的酒品。甜食酒通常以葡萄酒作为酒基,加入食用酒精或白兰地以增加酒精含量,并保护酒中糖分不再发酵。因此,甜食酒又称为强化葡萄酒,口味一般较甜。常见甜食酒有雪利酒、波特酒、玛德拉、玛拉加和玛萨拉等。

一、雪利酒(Sherry)

雪利酒是最普通的强化葡萄酒,产于西班牙加的斯省,因此,雪利酒被称为西班牙的国宝。

(一)雪利酒的种类和特点

雪利酒以干型为主,主要分菲奴(Fino)和奥鲁罗索(Oloroso)两大类。

1.菲奴

菲奴类雪利酒以清淡著称。酒液淡黄而明亮,是雪利酒中色泽最淡的酒品,酒度17~18度,属干型。口感甘冽、爽快、清淡、新鲜。

菲奴类常见的酒品有:

(1)曼赞尼拉(Manzanilla) 曼赞尼拉属干型,色泽淡雅,是西班牙人最喜爱的酒品。该酒酒液微红、清亮,香气温馨醇美,口感干冽清爽,微苦,酒劲较大,酒度在15~17度之间。

(2)阿莫提拉多(Amontillado) 阿莫提拉多色泽淡雅,呈金黄色,气味干烈,有很浓的坚果味。有绝干、半干型之分,酒度在16~18度。

2.奥鲁罗索

奥鲁罗索雪利酒体重色深,透明度好,香气浓郁,而且越陈越香,口味浓烈,柔绵甘冽但有甘甜之感。酒度一般在18~20度。奥鲁罗索类雪利酒有:

(1)阿莫罗索(Amorosa) 阿莫罗索色泽金黄,酒体丰满,有坚果味,口味凶烈,酒劲很足。

(2)巴罗·古塔多(Palo Cortado) 巴罗·古塔多是雪利酒中的珍品,市场上很少有供应。它的风格很像菲奴,但却属于奥鲁罗索类,人称“具有菲奴酒香的奥鲁罗索”。该酒甘冽醇浓,一般陈酿20年才上市。

(二)雪利酒的生产

由于雪利酒的生产过程十分复杂,人们一直觉得很神秘。通常葡萄经过破碎和压榨后,葡萄汁便被送入酒窖发酵,发酵时间为3个月左右,比较长。由于葡萄汁中糖分较高,发酵十分激烈,3个月后,强度才减小。一旦发酵停止便立即倒入新桶,但不装满,只装酒桶的7/8左右。这时的雪利酒清澈透亮,但每桶酒的成熟情况都不一样,必须将它们分类。然后兑入白兰地强化,使菲奴酒精度达到18%左右,奥鲁罗索达到16%左右。

雪利酒发酵完成后装入桶中贮藏,但一般不装满,留出一定的空隙,让酒的表面和空气接触,一段时间后酒的表面形成一层白色薄膜,这层薄膜便是酵母,这种好气性的酵母在空气下能继续生活。雪利酒就是利用这种生物老熟法酿出了其特有的酒香。

雪利酒经过品评分类后便在桶中陈酿1~18年,然后再以烧乐腊法(Soiera System)陈酿混合,以保持雪利酒永久的优良品质。烧乐腊法是把葡萄酿成的极品雪利酒留一半在酒桶里,每次等新酒酿成后再倒进去加满,如此循环不断,使雪利酒保持一定的水准。

由于雪利酒采用此法多次混合,无法确定雪利酒年份。因此,雪利酒是一种无年份强化葡萄酒,有些标有年代的雪利酒只是表示该酒是这一年开始生产的而已。

(三)雪利酒的饮用和服务

菲奴酒可以在喝汤时饮用,也可用作开胃酒;奥鲁罗索酒是最好的餐后甜酒。不过雪利酒随时都可以饮用。

喝雪利酒之前一定要把它冷却,特别是菲奴酒,这样才能显示出它的香味。雪利酒如果不冷却的话就好像喝啤酒不冷却一样,会失去真正的意义。

二、波特酒(Port)

波特酒,是葡萄牙生产的著名的甜食酒。波特酒产自葡萄牙北部的杜罗(Douro)河流域。

波特酒一般为红色强化甜型葡萄酒,但也有少量干白波特酒。只有在葡萄牙杜罗河流域生产的强化葡萄酒才能称为波特酒。

(一)波特酒的分类

波特酒主要有以下几种:

1.陈酿波特(Vintage Port)

是最好、最受欢迎的波特酒,它是由不同年份生产的葡萄酒混合而成,并在第二年装瓶。此酒有沉淀物,饮用时必须滗酒。它不像普通波特酒在桶中成熟,而是在瓶中得到成熟完善,有的需在瓶中陈酿20~30年才能出售。陈酿波特酒色泽深红,味道浓厚,一般只在年份好时才能生产出这种酒。有些陈酿酒在桶中陈酿3年左右才装瓶,质量更高,这种酒在酒标上注明年份和装瓶日期。

2.酒垢波特(Crusted Port)

大多数是用不同年份生产的葡萄酒混配的,有时也用同一年生产的酒混合,一般在桶中陈酿三四年后才装瓶,并在瓶中产生酒垢,但没有沉淀物,因此滗酒时必须小心谨慎。酒垢波特通常质量上乘,比陈酿波特酒的价格也便宜得多。

3.黄褐色波特(Tawny Port)

又称茶色波特,是用不同年份的葡萄酒混合而成,这类酒一般要经过12年左右的木桶陈酿才能形成这种黄褐色或茶色,装瓶后就没有任何变化了。一般装瓶6个月内必须饮用,茶色波特通常用作甜食酒,不宜作开胃酒。

4.宝石红波特(Ruby Port)

属于短期成熟的酒,成熟期一般为5年。优质宝石红波特酒一般需在桶中陈酿8年左右,颜色深红,具有果香,口味较甜,它是用不同年份葡萄酒混合而成,装瓶后也不会发生变化。

5.白波特酒

一般用白葡萄酿成,比红波特酒干,通常用作开胃酒。

(二)波特酒的生产

波特酒属于强化葡萄酒。每年8月底至10月初采摘葡萄,葡萄的破碎工作由人工在木桶中赤脚进行。接着开始发酵,并由窖主不断检测。在葡萄的糖分尚未完全发酵成酒精之前,添加食用酒精或白兰地结束发酵,让酒中保留部分糖分。

发酵完成的强化葡萄酒需要足够的时间贮藏,以改善其风味,一般需在酒窖中贮藏2~4年,甚至更长时间。在陈酿过程中还要经过杀菌、冷冻处理等工序,这不仅能起到澄清和稳定作用,而且还能起到促进葡萄酒老熟的作用。

波特酒既可纯饮,也可佐餐。

三、玛德拉(Madeira)

玛德拉酒,出产于大西洋上的葡属玛德拉岛。玛德拉葡萄酒多为棕红色,但也有干白葡萄酒。该酒陈酿很好,并且寿命也很长,在英国伦敦和玛德拉岛上要找一瓶100年酒龄的玛德拉酒并不是件难事。

玛德拉酒的生产方式也很独特,每年8月的第二个星期开始收获葡萄,葡萄放在拉嘎桶中赤脚踩破,然后将葡萄汁用羊皮制的容器运到酒商的地窖发酵,发酵停止后即用白兰地强化,接着装入酒坛堆放到院子或高温的房间里,室温提高到40℃~46℃,然后渐渐降低,这一烘烤过程能使酒液中所含糖分转变成焦糖,给葡萄酒带来十分奇特的香味。玛德拉葡萄酒静止18个月后倒桶并再次用白兰地强化,使酒精度提高到20%~21%,然后采用类似烧乐腊的方法混兑和澄清。但是陈酿玛德拉酒不采用此法,而是直接标明陈酿年份和葡萄品种。

玛德拉酒分四种:舍赛尔(Sercial)、韦尔德罗(Verdelho)、布阿尔(Bual)和玛尔姆赛(Malmsey)。舍赛尔和韦尔德罗体轻味干,多用作开胃酒和佐汤;布阿尔和玛尔姆赛酒体重而丰满,实是很好的甜食酒。专家们认为,布阿尔在这四类玛德拉酒中酒体最均称协调,玛尔姆赛酒体最重,因为酿酒葡萄采摘较晚,并位于朝南的海滩,酿酒时间长,麻烦多,因此价格相对来说比另外两种高一些,大多数玛德拉酒的酒标上有酒商和葡萄的名字,唯一使用的地名是洛沃斯(Lobos),它是以玛尔姆赛和其他葡萄混合酿制的甜葡萄酒而闻名。

四、玛萨拉(Marsala)

玛萨拉酒,产于意大利西西里岛(Sicilia)西北部的玛萨拉一带。它是由葡萄酒和葡萄蒸馏酒勾兑而成的配制酒,最适于作甜食酒和开胃饮料。玛萨拉酒是由英国的伍德豪斯兄弟(Woodhouse)制造并推广开来的,它与波特酒、雪利酒等齐名,玛萨拉酒色金黄带棕褐光泽,美丽多彩,香气芬芳,口味清冽、爽适、醇美、甘润。

玛萨拉酒由于陈酿时间不同,风格也各有区别:

玛萨拉佳酿(Fine),最低酒精度17%,其味甜润。

玛萨拉优酿(Superior),陈酿两年,最低酒精度18%,酒味甜润醇美。

玛萨拉精酿(Verfine),陈酿5年,最低酒精度为18%,使用烧乐腊法酿制。

玛萨拉特酿(Special),酒精含量也是18%,但可能会用香蕉、草莓和鸡蛋进行调香。

玛萨拉酒为甜食酒,一般用作佐助甜品、无盐坚果、水果,在西西里常常用于烹饪和烧烤。

第三节 利口酒

一、利口酒简介

利口酒(Liqueurs or Cordial 又称为香甜酒)是一种含酒精的饮料,由中性酒(Neutral Spirits)如白兰地、威士忌、朗姆、金酒、伏特加或葡萄酒加入一定的加味材料(如树根、果皮、香料等),经过蒸馏、浸泡、熬煮等过程生产而成,且至少含有2.5%的甜浆。甜浆可以是糖或蜂蜜,大部分的利口酒含甜浆量都超过2.5%。利口酒不但含糖量高,酒精含量也比较高,颜色娇美,气味芳香独特。

利口酒所采用的加味材料千奇百怪,最常见的分三大类:

1.植物

包括可利用植物的根(如姜、白芷根、鸢尾草、龙胆根)、茎、叶(如茶叶、薄荷、莳萝)、花(如橘子花、玫瑰、紫罗兰、菊花)、果(如橘、柑橘、杏、杏仁、咖啡豆、可可豆、豆蔻、香蕉)、皮(如肉桂)等。

2.矿物

主要是黄金、琥珀、矿泉水等。

3.动物

主要是麝香。

二、利口酒酿造方法

利口酒味道香醇,色彩艳丽柔软,生产方法独特,但各自的配方都相对保密,从不外泄。利口酒基本酿造方法有以下几种:

1.蒸馏法

即将酒基和香料同置于锅中蒸馏而成,香草类利口酒多用此法制成。蒸馏过的液体妥为贮藏,便是高级利口酒。经过蒸馏出来的利口酒多半是无色透明的,为了使其色彩斑斓,经常加入由蔬菜或植物提炼成的食用色素或无毒人工色素,使酒液更加吸引人。

2.浸渍法

有许多新鲜的草药、花瓣、果实经由加热蒸馏会使原味尽失,因此必须采用浸渍法,或称浸泡法酿制。其方法是将配料浸入基酒中,使酒液从配料中充分吸收其味道和颜色,然后将配料滤出,此法目前使用最广。

3.渗透过滤法

适用于大部分的草药、香料酒。此方法有点类似煮咖啡,用一个像煮咖啡一样的玻璃容器,上面的玻璃圆球放草药、香料等,下面的玻璃球放基酒,加热后,酒往上升,带着香料、草药的气味下降,再上升,再下降,如此循环往复,直至酿酒者认为草药已无利用价值,或酒已摄取了足够的香甜苦辣为止。

4.混合法

这是一种偷懒的方法。只要将酒、糖浆或蜂蜜、食用香精混合在一起即成。法国禁止使用这种合成法,但仍有一些国家使用此方法,不过生产出的酒质量很差。

三、利口酒的种类及主要品种

1.柑橘类利口酒

水果中以柑橘类属最好酿酒,无论和白兰地、威士忌等任何一种酒匹配都能产生极佳的效果。柑橘类包括各种橙子、橘子(桶柑、小金橘、橘子等),柑橘不论其酸、甜、苦,其皮晒干后自然有一种极和谐的酸甜度,酿酒后可口且易消化。所有柑橘酒中,以古拉索(Curacao)类最杰出,它是用青橘子干皮、肉桂、丁香和糖等配合浸泡而成。原是用荷属古拉索岛的苦橙皮浸泡在白兰地中取得的,用地名取酒名。荷兰的酿酒公司通常会同时推出几种古拉索酒,有无色的,有绿色的,也有蓝色的,用来调配各种色彩鲜艳的鸡尾酒。

柑橘类利口酒中还有其他一些著名品种,如君度(Cointreau),它的原型是“Triple Sec”,用橙皮泡在酒里一段时间,再蒸馏,然后加入糖浆及其他物质,酿好后装瓶销售。君度是很多人喜欢的酒,在许多酒谱中加它那么几滴会使原有的味道更具韵味。

金万利(Grand Marnier)是用法国白兰地泡苦橙皮酿制而成的香橙利口酒,有黄色和红色两种,红色更为世人熟悉,它一定要用干邑白兰地作酒基来酿制。

2.樱桃利口酒

樱桃酒,由于酿造方法不同又可分为两大类,一类称为"Kirsch",将樱桃压碎,发酵,蒸馏成樱桃酒(Cherry Wine),再蒸馏成樱桃白兰地(Cherry Brandy),并用丁香、肉桂、砂糖等调成暗红色产品,酒精含量在21%~24%,含糖量为20%~22%左右,以酒精度高而糖分低者为佳。另外一类樱桃利口酒(Cherry Liqueur),是以樱桃泡浸白兰地一段时间再蒸馏而成,美国人称之为樱桃味的白兰地。樱桃利口酒主要品种有:

彼得·亨瑞(Peter Heering)是世界上最佳的樱桃利口酒,取名于创始人彼得·亨瑞,该酒是由丹麦的戴尔比(Dalby)酒厂生产,色泽暗红,口味极为柔顺,带有水果香味。

玛若希诺(Maraschino)是用产于亚得里亚海滨的达尔美提亚的玛若斯卡(Marasca)酸樱桃酿成的利口酒,此酒18世纪以来即闻名于世,口味略甜,酒液透明。由于由酸樱桃制成,发酵前要加糖,然后再进行蒸馏。

3.桃子利口酒

桃子利口酒的著名品牌是南方的安逸(Southern Comfort)。南方的安逸原产于美国新奥尔良,它的生产方法是将新鲜的桃子(占大多数)、橙子及若干热带水果去皮去核后,加进草药香料,浸泡在波旁威士忌里,并在大木涌里贮藏约6~8个月才装瓶上市。该酒含有近44%的酒精,但并不辣口,芳醇爽口,为各阶层人士普遍欣赏。

4.奶油利口酒

奶油利口酒含糖分40%~50%,制作原料有果实、茶花、植物、咖啡等,形形色色,不胜枚举。无论使用什么材料,它们的共同特点就是像奶油一般甜腻。奶油类利口酒品牌较多,著名的有:

阿摩拉多·第·撒柔娜(Amaretto di Saranno)出产自意大利。该酒带有淡淡的杏仁的清香及核仁香,极讨人喜欢,和许多种果汁混合均可调出可口的鸡尾酒来。

可可奶油利口酒(Crème de Cacao)又称为可可利口酒或巧克力利口酒,是将可可豆泡浸入基酒中或直接用可可豆加入其他植物蒸馏而成的利口酒,其种类繁多,口味极甜,酒精含量30%,有白色和褐色两种,在调鸡尾酒时使用较广。

此外,奶油利口酒还有用香蕉酿制的香蕉利口酒(Crème Banana)、草莓利口酒(Crème Frais)、法国高级杏仁利口酒(Crème d'Abricot)等。

5.香草类利口酒

香草类利口酒的酿制材料是由各种各样草本植物构成,酿酒工艺复杂,并具有一定的神秘感。其代表产品是沙特勒兹(Chartreuse)和班尼狄克汀(Benedictine DOM)。

沙特勒兹利口酒于1762年开始由沙特勒兹修道院生产,据推测是以白兰地为酒基,采用阿尔卑斯山中的130多种草药调配后经过5次浸渍和10次重复蒸馏,再历经2年的贮藏并埋在120米深的洞窟之中。该酒的酒精浓度高达55%,具有镇定精神、消除疲劳之功效。

班尼狄克汀又称为当酒。以白兰地为酒基,再用山艾草、生姜、丁香、肉桂等27种材料调配,两次蒸馏,两年贮藏而成。酒液呈黄绿色,酒精含量为43%,入口甜味后有一种圆润滋美的风味。

此外,出产于意大利的加里昂诺(Galliano)也是著名的香草类利口酒。其生产配方一样秘而不宣,据说是"以高级的酒混进青草的叶、根、花等,贮存在玻璃桶里使酒与植物的味道彻底融合(约6个月),再经不断地过滤,去掉杂质,装瓶上市。"加里昂诺酒,瓶细长呈锥形,形似一根球棒,金澄澄的酒液光彩照人,口味较冲,带有一股茴香、芫荽的混合香气,深受美国人欢迎。

6.咖啡利口酒

咖啡利口酒以卡鲁瓦(Kahlua)、添万利(Tia Maria)和咖啡奶油利口酒(Crème de Café)最著名。

添万利是所有咖啡利口酒的鼻祖,起源于18世纪,主要产地是牙买加。它以朗姆酒为酒基,加入当地产的蓝山咖啡和香料酿成,除了浓郁的咖啡香味外还有细微的香草味,酒精含量为31.5%。

卡鲁瓦是墨西哥产咖啡甜酒。该酒以烈性酒为酒基,墨西哥咖啡为辅料,再加可可、香草制成,酒精含量26.5%。卡鲁瓦不但口味浓重,风味独特,其包装也与众不同,酒瓶为一带有浓厚乡土气息的容器。卡鲁瓦可以用来调配鸡尾酒。若将它浇在冰激凌上或调在牛奶中会使这些食物味道更鲜美。

7.其他

利口酒品种众多,除上述几大类酒品外,还有其他很多种独具特色的利口酒。

杜林标(Drambuie)是世界上最有名的以威士忌为酒基的利口酒,加入蜂蜜、草药调香,无任何"异味",可以和威士忌兑着喝,也可以作餐后酒用。

很多植物的果实都能用来酿酒,如以银杏蒸馏酒或白兰地为酒基,浸入银杏、香料、糖等酿成的色泽浅薄的银杏利口酒(Apricot);以梨为原料酿制的梨利口酒(Poire Liqueur);用草莓酿制的黑色草莓利口酒(Black Berry);以肉桂为原料的肉桂利口酒(Anisette);用蛋黄酿制的蛋黄酒(Advocaat);野梅酿制的野梅金酒(Sloe Gin);薄荷酒,等等。

四、利口酒的饮用

利口酒发明之初主要是用于医药,主治肠胃不适、气胀、气闷、消化不良、腹泻、伤风感冒,及轻微疼痛。特别是法国人喜欢饭后来点甜利口酒助消化。由于利口酒含糖分极高,各种杂七杂八的草药香料掺加到酒中,至少有几味是助消化的,据说它确能帮助饭后肠胃的蠕动。

利口酒是鸡尾酒调制的主要材料,它既可以调色,还可以调味。许多鸡尾酒中加一两味利口酒会使酒品的味道更芳醇,更有韵味。

利口酒除了作助消化之餐后酒外,仍有许多其他的饮用法,如加汽水、加碎冰等。此外,利口酒在欧美厨房里也扮演重要角色,它不但可以用于烹饪、烧烤,甚至还可用于做冰激凌、布丁的淋汁,水果盅附味,等等。

本章小结

开胃酒、甜食酒、利口酒都是以酿造酒、蒸馏酒等为酒基,通过各种加味和调香材料,以不同的方法生产而成,分别起到生津开胃和餐后助消化作用。由于各自的生产方法和加香加味材料不同,因而特点各异,服务和饮用的方法也各不相同。

思考与练习

1.什么是开胃酒？开胃酒的主要品牌有哪些？

2.简述开胃酒的服务和饮用方法。

3.什么是甜食酒？说出甜食酒的主要品种及其特点。

4.什么是利口酒？利口酒分哪几类？

5.说出利口酒的主要品种和特点。

第6章 软饮料

学习重点

- 熟悉茶、咖啡、碳酸类饮料及其他软饮料的种类、特性和著名产地及其品牌
- 掌握软饮料的操作和服务的基本技能

茶、咖啡和可可被称为世界三大无酒精饮料。茶和咖啡历史悠久,是饮料王国的重要成员,与之相伴的茶文化、咖啡文化在历史发展的长河中积淀了丰富多彩、意境优美、雅俗共赏的精神内涵。茶和咖啡在世界传播的过程中,遵循着各自的轨迹,渗透于世界的每一个角落,把盏品茗或沉湎于咖啡浓香成为了人们日常生活的重要组成部分。品茶、喝咖啡之别,折射出不同国家、地区、种族的精神风貌和人文气质,相对于饮酒而言,则更有柔美恬静、沉思怡情的一面。21世纪,是崇尚健康的新世纪,注重健康、回归自然的饮食观念蔚然成风,被誉为喝出健康的果蔬类饮料的崛起,成为世界饮料消费的趋势。

第一节　茶

中国是茶的故乡,茶是中国的印记。茶,最初是自然界中一种默默无闻的普通绿色植物。是中国人最早栽培种植了茶树,饮用用茶叶浸泡的茶水,形成饮茶时尚,并把饮茶发展成为一种灿烂而独特的品茗文化。茶在传播的过程中,融入了异域风情。日本的茶道、英国的红茶,使饮茶成为高贵的风尚和礼仪。目前,世界上有50多个国家生产茶叶,而消费的国家和地区却达160个左右。

茶最初是由中国输出到世界各地的,因此各国对茶的称谓均源自中国,但因茶的输出地区的发音有别,各国的“茶”字也随之不同,大致可分为依北方音“Cha”和厦门音“te”两大体系。

一、茶叶的种类

中国是茶叶种类最多的国家,中国茶叶经历了咀嚼鲜叶、生煮羹饮、晒干收藏、蒸青制饼、炒青散茶的演化发展过程,逐渐形成了现代的绿茶、红茶、乌龙茶、白茶、黑茶、黄茶及再加工茶类,在实践中不断完善和形成了一套较为科学的茶叶分类方法和体系(见表6-1)。

(一)绿茶

绿茶是我国历史最悠久、产区分布最广、产销最大、品质最优的茶叶种类。绿茶属于不发酵茶类,总的品质特征是清汤绿叶。绿茶的加工工艺是鲜叶经过高温杀青迅速钝化酶的活性,制止多酚类物质的酶性氧化,保持绿叶绿汤的特色。

表6-1 茶叶的分类体系

分类方法和体系	茶叶品名		
发酵程度	全发酵茶		红茶、黄茶
	半发酵茶		乌龙茶(60%~70%)、青茶(15%~20%)、白茶(5%~10%)、黑茶(80%)、包种茶(30%~40%)
	不发酵茶		绿茶
	注:百分数是指茶叶的发酵程度,青茶中的毛尖并不发酵,绿茶中的黄汤存在部分发酵		
萎凋程度	不萎凋茶		绿茶
	萎凋茶		红茶、乌龙茶、白茶、青茶、黑茶、黄茶、包种茶
产茶季节	春 茶		清明节至夏至,明前茶、雨前茶
	夏 茶		夏至前后
	秋 茶		夏茶后一个月所采制的茶,白露茶、霜降茶
	冬 茶		秋分以后采制的茶
茶叶形状	散茶(正茶)	条茶类	红茶 FOP、OP、绿茶珍眉、抽蕊等
		碎茶类	红茶 BOP、BP、绿茶特针、针眉等
		圆茶类	红茶茶头等、绿茶珠茶、贡熙、虾目等
	副 茶	茶末、茶片、茶梗等	
	砖 茶 (饼茶)	峒砖、米砖、小京砖、泾阳砖 普洱茶、沱茶	
	束 茶	龙须茶、线茶	
制茶程序	毛 茶	初制茶、粗制茶	
	精 茶	精制茶、再制茶、成品茶	
薰花种类	花茶和素茶,绿茶、红茶、包种茶有薰花品种,其余茶叶种类很少有薰花品种;花茶以花的名称冠名,如茉莉花茶、桂花茶等		
茶树品种	阿萨姆茶、小叶种茶、大叶种茶、铁观音、水仙、桃仁、大红袍等		
茶叶产地	以产地冠名,如杭州龙井、六安瓜片、安溪铁观音、武夷岩茶、君山银针、冻项乌龙、星村小种、福州香片、锡兰红茶、大吉岭红茶等		
栽培方法	露天茶和覆下茶(日本)		

（二）红茶

红茶的制作是采摘茶树的一芽二三叶（嫩芽及由芽下数的两片或三片叶），再经萎凋、揉捻（揉切）、发酵、干燥等工序制成，色泽呈黑褐色。红茶为全发酵茶，其品质特征为冲泡后茶汤呈鲜红或橙红色，滋味柔润适口。在发酵的过程中，茶叶中的无色的多酚类物质茶素发生酶性氧化，产生茶红素、茶黄素等氧化物质，从而形成了红茶特有的色、香、味等典型风格特征。红茶是国际茶叶市场的主要品种，约占全球茶叶总产量的 80%，占世界茶叶总贸易量的 90%。红茶以外形形状可分为，条红茶和红碎茶两类。条红茶，又包括小种红茶和工夫红茶。

（三）乌龙茶

乌龙茶又称青茶，属于半发酵茶。其基本工艺过程是晒青、凉青、摇青、杀青、揉捻和干燥六大工序。乌龙茶品质特征是干茶色泽青褐，汤色黄红，有天然花香，滋味浓醇，叶底有不同于其他茶类的显著特征，叶片中间呈绿色，叶缘呈红色，因此乌龙茶有"绿叶镶红边，三红七绿"的美誉。乌龙茶因树种、产地的不同，口质风格各异，具有等级的判别。按茶树品种、制茶工艺以及成品特征可分为五种，即水仙、奇种（名枞奇种和单纵奇种）、铁观音、色种、乌龙等。按产地可分为闽北乌龙茶、闽南乌龙茶、广东乌龙茶和台湾乌龙茶。

（四）白茶

白茶属于轻微发酵茶类。选取细嫩、叶背多白茸毛的鲜叶经萎凋、烘焙（或阴干）、拣剔、复火等工序制成。白茶的品质特征是披白色茸毛，毫香重，毫味显，汤色清淡，茶质素雅。白茶根据采摘鲜叶的嫩度和茶树品种分为两大类，即芽茶，称为银针；采用完整的一芽一二叶加工而成称为叶茶（白牡丹、贡眉等）。白茶主要产自福建的福鼎、政和、松溪、建阳等县，广东、中国台湾也有生产。白茶主要销往欧洲和东南亚等地。

（五）黄茶

黄茶属于轻微发酵茶类。初制的基本工序为杀青、揉捻、闷黄和干燥。闷黄是形成黄茶品质特点的独特工序。黄茶典型的品质特色是色黄、汤黄、叶底黄，茶香清悦醇和。名品有黄茶（湖南"君山银针"、四川"蒙顶黄芽"）、黄小茶（湖南"北港毛尖"、浙江"温州黄汤"）、黄大茶（安徽"霍山黄大茶"）。

（六）黑茶

黑茶是后发酵茶，是用于加工制作紧压茶的主要的原料茶，较为粗老。黑茶初制的基本工序是杀青、揉捻、渥堆和干燥四道工序。渥堆是形成黑茶品质特征的重要工序，加之制作过程中堆积发酵时间较长，因此干茶色泽油黑或黑褐。黑茶香味醇和，汤色深，橙黄带红。黑毛茶等可直接冲泡饮用，精制压制后的砖茶、饼茶、沱茶、六堡茶等紧压茶是藏、蒙古、维吾尔等少数民族的日常生活必需品。黑茶主要产自云南、四川、广西、湖南、湖北等地区，有滇桂黑茶、湖南黑茶、湖北老青茶、四川边茶等不同的种类，产于云南的普洱茶为黑茶中的名品，有"益寿茶""美容茶"的美誉。

（七）再加工茶

再加工茶是以绿茶、红茶、乌龙茶等六大类茶为原料经再加工而形成的固态茶和液态茶，包括花茶、紧压茶、萃取茶、风味茶、保健茶和含茶饮料等。

二、中国名茶

(一)绿茶类

绿茶是世界上最早出现的一种茶类,始于中国。绿茶以保持大自然绿叶的鲜味为原则,特色是自然、清香、鲜醇而不带苦涩味。著名的品种有西湖龙井、洞庭碧螺春、黄山毛峰、信阳毛尖、六安瓜片、太平猴魁、庐山云雾、金奖惠明茶、都匀毛尖等。

(二)红茶类

红茶由于需要经过发酵工艺生产而成,因此,又称为发酵茶。茶叶经过发酵,内含成分发生变化,于是绿叶变成红色,形成红茶的品质特色。著名的品种有祁门功夫红茶、正山小种红茶、滇红工夫茶等。

(三)乌龙茶类

乌龙茶是中国历史悠久的传统名茶,它采用特殊的萎凋和发酵工艺制作而成,属于半发酵茶。乌龙茶既有红茶的甘醇,又有绿茶的清香,品饮后回味甘鲜,齿颊留香,给人一种特殊的享受。名品有铁观音、武夷岩茶、大红袍、凤凰单枞、并冻顶乌龙等。

(四)黄茶类

黄茶的特点是黄叶黄汤,这是制茶工序中间堆渥黄的结果。著名的品种有君山银针、蒙顶黄芽等。

(五)白茶类

白茶属于轻微发酵茶,成品白茶的特点是叶面银绿,满披银毫,芽长成寸,香气清鲜,汤色浅淡泛绿,滋味醇和,冲泡杯中芽芽挺立,上下浮动,别有一番情趣。著名的品牌有白毫、银针、白牡丹、寿眉等。

(六)紧压茶类

紧压茶以红茶、绿茶、黑茶等的毛茶为原料,经加工、蒸压成形而成,属于再加工茶类。其特点是色泽灰暗,香味沉稳而厚重。著名的品牌有花砖、普洱方茶、沱茶、六堡茶等。

三、茶叶的冲泡

饮茶人士将品茶之道概括为:茶鲜、水活、器美、艺宜、境幽、得趣。无论是品茶,或是上升到茶艺、茶道,茶的冲泡技巧是核心内容,要泡好一杯或一壶佳茗,要做到实用性、科学性和艺术性三者相结合。具体地说,就是从饮用的实际出发,了解各类茶叶的品质特点,掌握科学的沏泡技术,并注重茶具器皿和沏泡技巧的艺术性,从而使茶固有的品质和饮茶的意境得以充分显露。

(一)茶叶品质

"饮茶贵乎茶鲜",泡制佳茗应力求茶叶新鲜无染,保持茶叶色、香、味、形的品质风格和茶叶固有的新鲜状态。茶叶汲取了天地之灵气,洁性不可污。由于茶叶具有吸水性,易感染性以及陈化变质等特性,因此茶叶须妥善保存,贮藏有术,并在保质期内饮用。

(二)泡茶用水

茶与水的关系密切,水之于茶如水之于酒一样重要。精茗蕴香,借水而发,水质的优劣直接决定了茶汤的色、香、味等品质风格。古今茶人对泡茶用水的品质进行了深入细致的认识和鉴别。关于宜茶之水,陆羽在其所著的《茶经》中便有了详细的论述:"其水,用山水上,江水中,井水下。其山水,拣乳泉、石池漫流者上……其江水,取去人远者。井,取汲多者。"古今茶人对泡茶用水的选择概括起来主要有三点:一是水要甘而洁;二是水要活而清鲜;三是贮水要得当。泡茶用水，一般都选择天然水，天然水按其来源可分为泉水（山水）、溪水、江水（河水）、湖水、井水、雨水、雪水等，自来水亦是通过净化处理后的天然水。

（三）茶具器皿

沏茶品茗的器皿，称茶具，主要包括茶壶、茶碗、茶杯、茶盏、茶盅、茶托、茶盘等。俗话说："工欲善其事，必先利其器"。茶具器皿是茶文化的重要组成部分，精美的茶具与香茗相配，两者神形兼备，珠联璧合，相得益彰。泡茶技艺和品啜香茗是一系列的茶文化审美过程，而精美的茶器使饮茶获得了优雅的视觉效果和独特的艺术风韵。选择茶具器皿，要兼顾实用性和艺术性，茶具器皿不仅要质地精良，而且要与茶性相应，有益于茶汤色、香、味、形等品质特征的显露。

茶具应根据茶叶的种类和品质风格选配，方能体现茶韵和茶艺。品饮乌龙茶，要细斟慢啜，茶韵风雅，讲究茶具，注重品位，用小壶小杯，古朴玲珑，配套成趣。所用的茶具称为茶室四宝，即玉书碨、潮汕炉、孟臣罐、若深瓯。玉书碨，即烧开水的壶，为褐色薄瓷扁形壶，容水量约 250 毫升，水沸时，碨盖"卜卜"作响，似唤人泡茶；潮汕炉，是烧开水用的火炉，别致小巧，可调节通风量，控制火力大小，以无烟木炭作燃料；孟臣罐，即泡茶的小茶壶，大都为宜兴紫砂壶系列，壶身小，容水量约 100 毫升；若深瓯，即品茶杯，为白瓷翻口小茶杯，杯小而浅，容水量约 20~30 毫升。高级绿茶等特种香茗，不仅品尝其浑然天成的茶香和茶味，而且茶叶冲泡后在杯中呈现出的舒展姿态，亦会带来清新的视觉享受，因此冲泡宜选用无盖的玻璃杯，或瓷盖杯、盖碗，茶叶冲泡后，集一方绿意于盏之中，茶叶、茶汤的品质风格一览无余，情趣倍增。花茶宜选用瓷盖碗，加盖冲泡蕴发，使茶香和茶的真味充分显露。红茶滋味鲜美醇厚，质感丰硕华美，宜采用调饮，因此品饮红茶的茶具通常包括瓷器、银器茶壶、带耳瓷杯、奶壶等。

（四）茶叶用量

冲泡一杯或一壶好茶，必须掌握适宜的茶叶投入量。茶叶的用量没有统一的标准，可根据茶叶的种类、等级，茶具的规格大小，饮茶风俗习惯确定。细嫩的茶叶用量可多一些，粗老的茶叶用量可少些。茶叶用量与冲泡用水比例的确定，是冲泡技术的关键，普通绿茶、红茶、花茶，与水的比例大致掌握在 1∶50~1∶60 左右，即每杯 3 克左右的干茶，加入冲泡水约 150~200 毫升；普洱茶，每杯茶叶的用量稍多些，约 5~10 克。如选用茶壶冲泡，茶叶的投入量可根据茶壶的容量和饮茶人数适当调整。用茶量最多的是乌龙茶，中小型茶壶（300 毫升以下）茶叶投入量约占茶壶体积的一半，即投入半壶干茶，一般以 1 克乌龙茶冲泡开水 20~30 毫升。

（五）泡茶水温

泡茶水温的控制和掌握，主要根据饮茶的种类设定。高级绿茶，特别是茶叶细嫩的名茶，茶叶鲜嫩碧绿，滋味清爽，含有丰富的维生素 C，泡茶水温宜在 80℃左右，水温过高则会破坏维生素 C，并使茶叶中咖啡碱的成分过多析出，使茶汤滋味酸苦。冲泡各种花茶、红茶和中、低档的绿茶，宜用 95℃~100℃的沸水冲泡，水温较低则渗透性差，茶叶中有效成分析出较少，茶叶淡寡。冲泡乌龙茶、普洱茶和沱茶等较为粗老的茶叶，茶叶用量较多，宜采用 100℃的沸水冲泡。为了提高茶性的蕴发，冲泡前宜采用开水烫热茶具，冲泡后采用开水淋壶。饮用砖茶等紧压茶，则要求将砖茶敲碎，放在茶锅中烧煮。总之，在一定温度范围内，茶叶中有效物质的溶解度随着水温的增高而递增，一般 60℃水温的情况下，茶叶有效物质的析出量只相当于100℃水温情况下的45%~65%。

(六)冲泡时间和次数

茶叶冲泡的时间和次数,因茶叶的种类、品质等级、冲泡水温和饮茶风俗习惯的不同而要求各异。泡饮常见的红茶、绿茶、花茶等,将3克左右的干茶投入杯中,先倒入少许开水,以浸泡茶叶为宜,加盖3分钟左右以蕴发茶头,接着加入开水至七八成满,便可趁热细饮。当饮用至杯中尚留有1/3左右的茶汤时续水,这样冲泡可使茶汤色泽、浓度较为均匀。据测量,一般茶叶冲泡一次,其可溶性茶叶成分能浸析出50%~55%;冲泡第二次,浸析出30%左右;冲泡第三次,浸析出10%左右;冲泡第四次,茶叶中有仅效成分析出所剩无几,因此,冲泡茶叶及续水以三次为宜。

(七)茶的冲泡程序

茶的冲泡分杯泡、盖碗泡和壶泡三种,因茶叶的种类等级、茶具选择和品尝特性的不同,茶的冲泡程序略显差异。

杯泡程序:备具→备茶→备水→赏茶→置茶→浸润泡→计时→冲泡→计时→奉茶→品茶→添水。

盖碗泡程序:备具→备茶→备水→赏茶→置茶→冲泡→计时→奉茶→品茶→添水。

壶泡程序:备具→备茶→备水→温壶→赏茶→置茶→头泡→计时→温杯→分茶→奉茶→品茶→二泡、三泡。

四、茶叶的选购与保管

(一)茶叶的选购

茶叶的选购涉及一系列茶叶品质鉴别的程序方法和标准等,因此茶叶的选购必须遵循以下原则:

1.注意茶叶的外包装和产品标准

在选购茶叶时,必须认真查验茶叶的外包装和产品标签,看外包装是否完好无损,以免茶叶受潮变质,并获得以下信息:茶叶名称、等级、产地、生产日期、品尝保持期、卫生许可证、产品标准号以及关于储存方法、饮用方法的简要说明。最好不要购买生产日期超过一年半和保质期不足半年的茶叶,新茶是茶叶中的精品,但受购买时节的限制,价格也较为昂贵。

2.鉴别茶叶的外形品质

在选购茶叶的过程中,通过鉴其形、观其色、嗅其香、摸干湿等方法鉴别茶叶的外形品质。

3.分量购买

为了保护茶叶的新鲜度,选购茶叶时应采用少量多次购买的原则,即买即饮,每次购买的量最好能在3个月内喝完。

4.依经营需要购买

专门经营酒水饮料、茶饮的酒吧、茶餐厅等,选购茶叶要做到种类、等级齐全,以适应不同顾客饮茶的需要,茶饮料的冲泡和调制必须突出经营特色。选购茶叶有条件时可先行试泡和试饮,选购适合自已和大部分茶饮者的茶叶。

(二)茶叶保管贮存的方法

保管贮存茶叶必须重视适宜的自然环境,即温度、湿度、空气和阳光等。保管茶叶,首先要使茶叶处于充分的干燥状态,一般茶类的含水量应在7%以下,绿茶容易吸水变质,其含水量应控制在5%以下。其次,必须注意茶叶不能与空气直接接触或受强光照射。还要避免受挤压碰撞;包装材料和贮存容器应洁净无异味;茶叶的贮存与异味物质隔离,以保持茶叶固有的品质特征。

第二节 咖 啡

咖啡树原产于非洲的埃塞俄比亚,在植物学上属茜草科咖啡属绿灌木或小乔木。而俗称的咖啡豆即指咖啡树的种子。成熟的咖啡豆被采摘后,采用特定的工艺去除外壳、果肉、内果皮即成成品生咖啡豆。生咖啡豆经煎炒烘焙、碾磨即成咖啡粉,就可用于冲调各式咖啡饮料。而速溶咖啡的发明改变了传统饮用咖啡的方式,使饮用咖啡的风尚更加普及。咖啡与茶、可可被公认为世界三大饮品。

一、咖啡树的种类

咖啡树的品种有25种左右,目前世界上重要的咖啡豆主要来自阿拉比卡(Arabica)、罗巴斯塔(Robusta)和利比里亚(Liberica)等三大咖啡树种,所产的咖啡豆亦冠以树种名称。咖啡树最理想的种植条件是全年平均降水量1500~2000毫米,年平均气温20℃左右,并且没有霜降。咖啡树生长所要求的土壤是含有丰富的原火山灰质,给排水良好。咖啡树多数生长在海拔300~400米的地方,也有生长在2000~2500米的高地上的,生长在海拔1500米以上高地上的属优良品种。野生咖啡树能长到8米,为了保证咖啡豆的质量,一般限制咖啡树生长的高度在2米左右。

1.阿拉比卡(Arabica)

阿拉比卡种又称为阿拉伯种,原产于埃塞俄比亚,其咖啡豆产量占全世界产量的70%,世界著名的摩卡咖啡、蓝山咖啡等几乎全部产自阿拉比卡种。阿拉比卡种植需要充足的阳光和水分,对高温、低温、多雨、少雨的环境都不适宜,理想的海拔高度是500~2000米,海拔越高,品质越好。但阿拉比卡种较为娇弱,容易受病虫侵蚀。阿拉比卡种咖啡豆椭圆扁平,具有高品质浓郁的咖啡香。

2.罗巴斯塔(Robusta)

罗巴斯塔种原产于非洲刚果,其咖啡豆产量占全世界产量的20%~30%。罗巴斯塔咖啡树适宜种植在海拔500米以下的低地、适应环境的能力、抵抗恶劣气候的能力、抵制病虫害的能力都比阿拉比卡咖啡树强,是一种容易栽培的咖啡树。罗巴斯塔种咖啡豆较阿拉比卡苦涩,品质逊色很多,适宜制作即溶咖啡、罐装咖啡、冰冻咖啡等。

3.利比里亚(Liberica)

利比里亚原产于利比里亚,其栽种历史较短,栽培地区仅限于西非利比里亚,南美苏里南、圭亚那,亚洲的马来西亚等国家,咖啡豆产量占全世界产量的5%左右。利比里亚咖啡树种植于低地,咖啡豆成品具有极浓郁的咖啡香和苦味。

二、咖啡豆的营养成分和功效

咖啡豆的化学成分非常复杂,其中碳水化合物含量最多,包括还原糖、蔗糖、果胶、淀粉、多糖以及纤维素,共占咖啡总重量的60%左右。除此之外,脂肪占13%、蛋白质占13%、矿物质占4%、单宁酸占7%、咖啡因占1%~2%,而咖啡特有的咖香气息则是由挥发性成分构成,目前已发现咖啡香混合物中有300种以上的化合物,大多数化合物的含量都极微。

咖啡中的咖啡因一直是饮用咖啡的人所议论的话题,虽然它在咖啡中含量只有1%~2%,但对人体的中枢神经有一种温和的兴奋作用。纯咖啡因系白色粉末,没有气味,是略带苦涩味的含氮化合物。每人每天摄取纯咖啡因的量以0.65克以下为宜。咖啡因及其代谢产物随尿液排出体外,不会聚集在体内。由于咖啡因的作用,适量饮用咖啡可适度刺激神经,消除疲劳,使头脑灵活、思维敏捷,有助于刺激胃肠蠕动,促进消化,利尿通便,防止便秘。它还可以舒展血管,提高新陈代谢效率,有助于消耗体内堆积的热量,达到减肥的效果。

三、世界著名咖啡

目前,国际市场上咖啡原豆的品种和名称繁多,每一种咖啡原豆都有其特殊的风味,在颗粒大小、酸、甘、苦、醇、香以及均衡度等方面,体现出不同的品质特性(见表6-2)。咖啡豆的名称大多以产地、输出港以及咖啡品种来冠名。酸度是咖啡豆品质的一个重要特征,现今世界上饮用咖啡近90%为良质酸性的咖啡,其余10%为非酸性咖啡。

表6-2 咖啡豆的特性及火候控制

品种	产地	特性					火候要求
		酸	甘	苦	醇	香	
蓝山	牙买加(西印度群岛)	弱	强		强	强	大
不哇	印度尼西亚	低		强	弱		中
摩卡	埃塞俄比亚	强	中		强	强	中
哥伦比亚	哥伦比亚	中	中		强	中	中
曼特宁	印尼苏门答腊			强	强	强	大
危地马拉	危地马拉	中	中		中	中	中
圣多斯	巴西		弱	弱		弱	中、小

(一)蓝山咖啡(Blue Mountain)

蓝山咖啡,因产自牙买加最高峰蓝山而得名。蓝山咖啡品质极佳,口味浓郁香醇,有持久的水果味,咖啡的甘、酸、苦三味完美均衡,所以完全不具苦味,仅有适度完美的酸味,适宜单独饮用。由于蓝山咖啡产量较少,价格昂贵,一般市场上所见的蓝山咖啡多为牙买加蓝山咖啡的仿制品。

(二)摩卡咖啡(Mocha)

摩卡咖啡,产于埃塞俄比亚、也门等地,咖啡豆颗粒小而香浓,酸醇味强,甘味适中,口感丰富细腻,含有特殊的水果味和酒香,是调配综合咖啡的理想品种。

(三)圣多斯咖啡(Santos)

圣多斯咖啡,主要产自巴西圣保罗。此种咖啡酸、甘、苦三味属中性,浓度适中,带有适度的酸味,口感高雅柔顺,是最好的调配用豆,被誉为是咖啡中坚。

(四)哥伦比亚咖啡(Cafe de Colombia)

哥伦比亚咖啡的等级分为特级(Supremo)、一级(Excelso)和极品(UGO),其中特级、一级是世界最流行的咖啡。哥伦比亚咖啡豆经烘焙后散发出甘甜的香味,具有独特的酸味,酸中带甘，苦味中平，在所有的咖啡中，以高均衡度、绵软柔滑著称。哥伦比亚咖啡具有独特的坚果味，由于其浓度适宜的原因，常被用于高级混合咖啡的调配。

（五）曼特宁咖啡（Mandling）

曼特宁咖啡，产自印尼苏门答腊岛，咖啡豆颗粒重，被誉为是世界上颗粒最饱满的咖啡豆。曼特宁咖啡酸味适度，咖香浓郁，口味较苦，有极其浓厚的醇度，含有糖浆味和巧克力味，适宜饭后饮用。咖啡爱好者大都单品饮用，但是曼特宁咖啡亦是调配混合咖啡的重要品种。

（六）爪哇咖啡（Java）

爪哇咖啡，产自印尼的爪哇岛，为阿拉比卡种。爪哇咖啡豆烘焙后苦味较强，酸度较低，香味较为清淡，为精致的芳香型咖啡，口感细腻，均衡度好。爪哇咖啡豆适用于混合咖啡和即溶咖啡的调配。

（七）危地马拉咖啡（Guatemala）

产于中美洲中央位置的危地马拉，所出品的咖啡豆为波旁种（Bourbon），属阿拉比卡种的变种。具有良质的酸味，香醇出众略带野味，最适合用来调制混合咖啡，“戈邦”咖啡是世界一流的咖啡品牌。

（八）拼配咖啡（Blended Coffee）

拼配咖啡亦称综合咖啡，一般以三种以上的咖啡豆，调配成独具风格的一种咖啡；可依市场和消费者的需求，选出酸、甘、苦、醇适中的咖啡加以调配。上等的拼配咖啡咖香扑鼻，甘苦顺滑，酸度均衡，冲泡色泽金黄。常见的拼配咖啡有瑞士拼配（Swiss Blend）、乐满家金牌（Mocaroma Gold）、摩卡（Mocha）、意大利特浓（Italian Espresso）、炭烧咖啡（Sumiyaki）等。

除上述几种咖啡以外，其他如肯尼亚、乌干达、乞力马扎罗、萨尔瓦多、墨西哥、尼加拉瓜、波多黎各、厄瓜多尔、哥斯达黎加等的咖啡豆都较为著名，它们酸、甘、香、醇、均衡度等品质风格各具特性，既可单饮又可拼配出良质的混合咖啡。

四、咖啡豆的研磨

咖啡豆烘焙煎炒后须研磨成粉末状，这样咖啡冲泡时，香浓美味的风格才会显露。咖啡豆研磨的设备为手摇式研磨机和电动式研磨机；咖啡研磨机造型各具国家民族传统特色，是咖啡爱好者热衷的收藏品和装饰品。在研磨的过程中，咖啡豆细小的纤维细胞破裂，咖啡油和香醇的质感因此被释放出来。咖啡豆研磨的要求是粗细均匀，这样咖啡冲泡时浓度才会一致均衡。采用手动研磨机研磨咖啡豆，宜轻轻匀速转动，避免产生摩擦热，采用电动研磨，应选用材质和构造所产生摩擦热较低的研磨机，以最大限度地保存咖啡的香味。咖啡豆最基本的研磨方法有粗磨（Coarse Grind）、中磨（Medium Grind）和细磨（Fine Grind）。冲泡的时间越短，研磨程度应越细，细磨的咖啡比粗磨的咖啡味道更浓厚。粗磨的咖啡适用于传统的罐式冲调法，而细磨的咖啡适用于蒸馏冲调法。采用电动研磨机研磨咖啡豆，粗磨需要7~10秒，中磨需10~13秒，而细磨则需15~20秒，粗磨和细磨的咖啡混合在一起便于贮藏。均匀拼配冲泡，则咖啡浓度、香味等搭配均匀谐调。

五、咖啡的冲调

咖啡作为一种世界性的饮料，在传播和发展的过程中，冲调饮用方式不断完善，咖啡在世界各地广泛受到欢迎，其中一个重要原因就是世界各地能够适应不同的冲调方式并能满足不同口味的需要。自1840年美国海洋工程师罗伯·奈毕尔发明虹吸式咖啡壶以来，咖啡的冲调饮用方式经历了一次又一次的革命。科学技术与咖啡冲泡技术的融合,减少了许多烦琐的环节,使冲泡一杯香浓味美、意犹未尽的咖啡变得如此快捷简便。

咖啡的冲调无论是传统的冲调法,还是现代冲调法,其基本原则是相同的:将研磨的咖啡粉加水或通过水蒸气使其由固体变为可饮用的带有浓郁风味和咖香的咖啡饮料,并在冲调的过程中充分保持咖啡固有的品质风味。因此,冲泡一杯完美的咖啡应遵循以下的基本原则:

(1)使用新烘焙的咖啡豆,贮存最好不超过一个星期,最好是冲泡前半小时烘焙完成的咖啡豆。

(2)把咖啡豆贮存在避光密闭的容器罐中。

(3)冲调前现磨咖啡豆。

(4)使用新鲜的开水冲泡,当咖啡粉浸泡到开水中的时候水温会降低到90℃,再过滤到咖啡壶时会降到80℃,加了砂糖和牛奶冲调后饮用时的温度为40℃~60℃,这亦是咖啡饮用时最适口的温度。为了保持饮用咖啡时最好的风味,应将咖啡壶、咖啡杯置于保温箱中,充分预热。

(5)冲调咖啡的时间视各种冲调方法的技术要求而定,咖啡置于咖啡壶(瓶)中的保温时间不能超过20分钟,超时饮用则香味散失,苦涩味变重,因此咖啡宜即冲即饮。

(6)通常单份冲调的咖啡使用12克咖啡粉冲兑150毫升的开水,可根据个人浓淡口味的需求进行调整。

常见咖啡冲调的方法有:土耳其传统式冲调法、虹吸式冲调法、过滤冲调法、蒸汽压式冲调法、电脑程控全自动咖啡机冲调法、即冲式速溶咖啡等。

六、咖啡的服务与混合调制

咖啡以其独特的浪漫芳香和柔和苦涩的气质而成为人们日常生活中无可取代的神奇饮料。目前,全世界各地饮用咖啡的习惯和方式,因咖啡传播途径的不同、风俗文化的迥异呈现出个性化、多样化的特色。透过一杯咖啡,可以从中了解咖啡所赋予的文化精神及其中所显现的生活场景。咖啡在我国已日益成为诸多酒吧、咖啡厅、西餐厅等餐饮场所的经营项目和特色,亦成为人们日常生活中亲密的伴侣。

咖啡饮品按照饮用温度,可分为热咖啡和冰咖啡;按照饮用习惯,可分为净咖啡、调饮咖啡和花式咖啡;按照咖啡因的含量,可分为含咖啡因咖啡和无咖啡因咖啡;按照咖啡饮品的品质,可分为鲜煮咖啡和即冲式速溶咖啡。以上也是酒吧、咖啡厅等餐饮场所,提供的咖啡服务项目。科学技术的进步,生活和服务节奏的加快,酒吧、咖啡厅等都配备了较为先进的咖啡冲调机,采用高温高压快速冲调咖啡。注重情调气氛的酒吧、咖啡厅亦会采用虹吸式、过滤式等方法冲调咖啡,让客人领略冲调咖啡的乐趣。

经过冲调的咖啡应保持其固有的品质,色泽棕褐带有深黄闪亮的光泽,液面上飘浮一层薄薄的咖啡油,咖香浓郁,口感均衡。供应热咖啡时必须配备成套精美的咖啡器具,以折射出一种优雅的咖啡文化,咖啡壶、咖啡杯、杯托、咖啡匙、糖盅、奶盅等应力求配套一致,风格谐调。为了冲调出一杯完美的咖啡,咖啡杯具应预热,保持一定的温度,这对咖啡品质风格的蕴发是非常重要的。冲调咖啡所配的奶一般以新鲜的牛奶为主,亦可选用淡奶、炼乳等奶制品,加奶以后的咖啡品尝起来更加柔顺光滑。服务时配备的糖应包括白砂糖、棕糖、营养糖或方糖,以供客人根据需要选择。而像意大利特浓咖啡(Espresso)等适宜纯饮,这样方能品尝突出地道、浓郁的咖香和强烈的苦味。

如今,咖啡的冲调和饮用方式在继承传统的基础上,不断创新,各种经过调配的花式咖啡正逐渐成为咖啡消费的亮点。

(一)爱尔兰咖啡(Irish Coffee)

(详见鸡尾酒调制20款)

(二)皇家咖啡(Royal Coffee)

材料:热咖啡1杯,方糖适量,白兰地1/3盎司。

方法:将煮好的热咖啡倒入咖啡杯中约八成满,将特制的咖啡匙横置于杯口,在咖啡匙中放置一块方糖,并淋上1/3盎司白兰地,燃焰,待酒精完全挥发后,将咖啡匙放入咖啡杯中搅匀即可。

(三)维也纳咖啡(Vienna Coffee)

材料:热咖啡1杯,发泡鲜奶油适量,巧克力糖浆适量,七彩米少许,砂糖适量。

方法:将2茶匙砂糖先加入咖啡杯中,把煮好的热咖啡倒入杯中八成满,上面以旋转方式加入发泡鲜奶油,淋上适量的巧克力糖浆,最后撒上少许七彩米。

(四)意大利卡帕基诺咖啡(Cappuccino Coffee)

材料:意大利高压蒸汽冲调咖啡1杯,砂糖2茶匙,白兰地或加利安奴香草利口酒1~2滴,柠檬皮碎丁适量,玉桂粉适量,发泡鲜奶油适量。

方法:将2茶匙砂糖先加入咖啡杯中,把冲调好的意大利特浓咖啡倒入杯中八成满,加上适量的白兰地或加利安奴香草利口酒,上面旋转加入一层发泡鲜奶油。将柠檬皮切适量的碎丁撒在发泡奶油上,最后撒上少许玉桂粉。

(五)俄式咖啡(Russia Coffee)

材料:热咖啡1杯,橙子酱、鲜奶油、砂糖适量,伏特加酒2~3滴。

方法:将2茶匙砂糖先加入咖啡杯中,把煮好的热咖啡注入咖啡杯中至八成满,加入适量的橙子酱、鲜奶油和2~3滴伏特加酒,搅拌均匀即可。

(六)贵妇人咖啡(Cafe Au Lait)

材料:1/2杯热鲜牛奶,1/2杯热咖啡,适量发泡鲜奶油,砂糖适量。

方法:将2茶匙砂糖放入咖啡杯中,把半杯热咖啡和半杯热鲜牛奶同时倒入咖啡杯中,上面再旋转加入一层发泡鲜奶油即可。

(七)合家欢咖啡(Happy Family Coffee)

材料:热咖啡1杯,砂糖1茶匙,蜂蜜1盎司,蛋黄1只,白兰地2~3滴,玉桂粉适量,发泡鲜奶油适量。

方法:将1茶匙砂糖放入咖啡杯中,并加入1盎司蜂蜜,将蛋黄放入咖啡杯中,加入2~3滴白兰地,在咖啡杯中将上述材料充分搅匀,加入煮好的热咖啡至八成满,在咖啡上旋转加入一层鲜奶油,并在上面撒少许玉桂粉。

(八)冰激凌咖啡(Ice Cream Coffee)

材料:冰咖啡120毫升,糖水30毫升,香草冰激凌1勺,鲜奶油、巧克力酱、冰块适量。

方法:在平底高杯中加入适量的冰块,将冷却的咖啡倒入杯中至六成满,并加入30毫升的糖水,放入香草冰激凌勺,使其漂浮在咖啡上,在冰激凌上挤入适量的鲜奶油和巧克力酱。服务时配一长柄冰咖啡匙。

（九）夏威夷冰咖啡（Hawaiian Ice Coffee）

材料：冰咖啡120毫升，糖水30毫升，鲜菠萝汁120毫升，冰块适量。

方法：在平底高杯中加入适量的冰块，将120毫升冰咖啡、120毫升鲜菠萝汁和30毫升糖水分别加入杯中搅拌均匀。服务时配吸管和长柄冰咖啡匙。

（十）冰岛咖啡（Iceland Coffee）

材料：冰咖啡150毫升，糖水30毫升，花生粉2茶匙，鲜牛奶60毫升，朗姆酒10毫升，香草冰激凌1勺，碎冰适量。

方法：将上述材料依次加入搅拌机中，启动搅拌机迅速打匀后加入盛有碎冰的特饮杯中即可。

第三节　果蔬饮料

果蔬饮料，是以含汁液丰富的水果、蔬菜为原料，经破碎、压榨、稀释或浓缩等方法的处理而获得的饮料，工业上果蔬饮料的生产还需通过真空脱气和高温瞬间杀菌的处理。近几年来，果蔬饮料挟一股清新健康之风在饮料消费市场迅速崛起，尤其是鲜榨的各类果蔬汁取自于新鲜的原料，营养丰富、色彩诱人，易于被人体吸收，是一种天然的绿色食品。在酒吧等餐饮场所，新鲜果蔬饮料的需求量也越来越大。

一、果蔬饮料的种类

果蔬饮料大体上分为果汁、蔬菜汁和综合果蔬汁，根据内容物的含量又可进一步细分，例如纯天然果汁指没加水的100%的鲜果汁；稀释天然果汁指新鲜果汁占30%以上，加糖、柠檬酸、维生素、色素、香精的果汁制品；果汁饮料指新鲜果汁占6%~30%的果汁制品；果肉果汁是指果汁中含有少量细碎果粒的果汁制品；浓缩果汁指需要加水稀释而后饮用的果汁制品，原汁占50%以上。蔬菜汁的细分与果汁类似，水果汁与蔬菜汁混合又可分为综合天然果蔬汁、稀释综合果蔬汁和综合果蔬汁。

二、果蔬饮料的基本特点

（一）自然鲜明的色泽

果蔬五彩缤纷，并赋予了果蔬汁固有的色泽。果蔬成熟后所显现出的自然色泽主要来自内部和表皮的天然色素，如脂溶性色素和水溶性色素。果蔬饮料的色泽是检验其新鲜程度的一个标准，果蔬不新鲜或存放时间过长，其色素就会发生一系列的氧化等反应。

（二）清新明快的果香

成熟的水果果香显著，给予果汁清新明快的果香。果蔬饮料的芳香主要来自酮类、醇类、醛类、酯类和有机酸等挥发性物质，它们含量微小，易于挥发，在加工处理的过程中应尽量避免果香的散失。

（三）宜人爽口的味道

果蔬饮料的味道主要来自糖分与酸分，酸甜适口，果味充盈。糖分主要由蔗糖、果糖和葡萄糖组成，酸分主要由柠檬酸、苹果酸、酒石酸等有机酸组成。果蔬汁中糖分与酸分固有的比例使其具备了固有的宜人爽口的味道。

（四）全面丰富的营养

果蔬饮料除了含有大量的水分、糖分、酸分物质以外，还含有全面丰富的营养，包括氨基酸、蛋白质、肽、磷脂、钙、磷、铁、镁、钾、钠、碘、铜、锌等无机盐和维生素。人体要获取微量的矿物质元素、维生素等营养物质，饮用果蔬汁是最佳的途径之一，其解毒降火、润肌美容、健脾消食、预防疾病、增强免疫力的功效十分显著。

正由于果蔬汁具有上述的特点，天然的果蔬汁愈加成为健康的绿色食品。

三、果蔬汁常用的主要原料

（一）水果

柳橙、柑橘、柠檬、菠萝、苹果、梨、草莓、杧果、香蕉、椰子、西瓜、哈密瓜、甘蔗、葡萄、水蜜桃、猕猴桃、西柚、酸橙、樱桃等。

（二）蔬菜

黄瓜、胡萝卜、西红柿、冬瓜、生菜等。

四、果蔬饮料制作的原则

（一）果蔬的选料应力求鲜美

随着蔬菜和水果新鲜度的降低，维生素等营养成分的含量也会随之逐渐丧失，饮用枯萎或变质的果蔬制成的果蔬汁毫无营养价值可言，因此用来制取果蔬汁的水果和蔬菜应充分成熟，无腐烂现象，无病虫害和无碰伤擦伤痕迹。

（二）将水果、蔬菜用水彻底洗净并且削皮

水果和蔬菜是天然果汁的基础，但残留在水果、蔬菜表皮上的微生物细菌和残留的农药是有害的，因此须对果蔬原料进行彻底清洗处理，一般可用0.5%~1.5%的盐酸溶液和0.1%的高锰酸钾溶液浸泡数分钟后用清水彻底冲洗，必要时可削剥去外皮。在清洗的过程中一般是用流动水清洗，并使果实相互摩擦、运动。

（三）果蔬原料榨汁前须采取必要的破碎、热浸泡等处理

为了提高出汁率，榨汁前可根据榨汁机等设备的使用要求，对水果、蔬菜进行破碎和切配，使其大小均匀，规格一致。破碎和切配后剔除果皮以及不适宜榨汁的部分，使果肉组织充分暴露。有些水果诸如橙子、柠檬、苹果等在破碎切配前可将果实在60℃~70℃的热水中浸泡15~30分钟，通过热处理可使细胞质中的蛋白质凝固，改变细胞的通透性，使果肉软化，果胶物质水解，有利于色素和风味物质的析出，并可提高出汁率25%左右。

（四）注意果蔬品种成分的搭配和调整

所有果蔬汁都有固有的特殊风味，当饮用具有青涩味、苦味、辣味、土腥味等不悦气味和滋味的果蔬汁时，可添加具有浓郁果香和酸甜味的果汁进行调配缓冲。例如，为了增加甜味可加入适量橙汁、苹果汁、梨汁、菠萝汁、蜂蜜等，添加几滴柠檬汁则可使果蔬汁更加清新自然，压住青涩味。在进行果蔬汁调配时，必须注意到胡萝卜、黄瓜、南瓜等果品中都含有破坏维生素C的酵素，如果将这些食品与含有大量维生素C的蔬菜和水果压榨成果汁，将会严重破坏维生素的功效，因此必须尽量避免或确定一个合适的调配混合比例。

（五）科学合理地使用辅助料

选用优质的矿泉水、纯净水稀释压榨后的果蔬汁，宜使用含糖量高的水果汁、蜂蜜、红糖等来增甜，最好不要使用蔗糖；提高果蔬汁的酸度则可添加少量鲜榨的柠檬汁、酸橙汁或柑橘汁等。

（六）选用适宜、出汁效率高的压榨设备

压榨设备，主要分为榨汁式果菜机和搅和式果菜机。使用榨汁式果菜机制取的果蔬汁

大都是压榨成泥状后并过滤，它的纤维素已被除去，属一种100%的果蔬汁；搅和式果菜机压榨原料多先切细磨碎并搅和，因此采用此设备制取的果蔬汁含有丰富的纤维素。一般而言，水分多的蔬菜、水果多采用榨汁式果菜机榨汁，而水分较少的蔬菜，加入鸡蛋、牛奶、豆奶、颗粒食品等调配的宜采用搅和式果菜机，同时仍须视原料的种类、形状确定使用压榨设备的种类。

五、果蔬汁调配实例

(一)草莓汁

材料：

鲜草莓5个，鲜奶5盎司，草莓冰激凌1勺，蜂蜜1茶匙，柠檬汁2茶匙，碎冰适量。

方法：

将鲜草莓、鲜奶、草莓冰激凌、蜂蜜、柠檬汁、碎冰，倒入果汁搅拌机搅拌成汁后倒入载杯中。

(二)哈密瓜汁

材料：

哈密瓜1/4个，鲜奶3盎司，糖水1盎司，鲜奶油1盎司，橙汁2盎司，冰块适量。

方法：

将新鲜的哈密瓜去皮，连同鲜奶、鲜奶油、糖水、橙汁一起倒入果汁搅拌机中搅打成汁后，倒入盛有适量冰块的载杯中。

(三)香蕉汁

材料：

香蕉1根，蜂蜜1茶匙，牛奶4盎司，碎冰适量。

方法：

香蕉去皮切成段状，连同牛奶、蜂蜜一起倒入果汁搅拌机中搅匀，将搅匀后的果品饮料倒入盛有碎冰的载杯中。

(四)胡萝卜汁

材料：

胡萝卜2根，苹果1个，柠檬汁1茶匙，蜂蜜1/2盎司，碎冰适量。

方法：

将胡萝卜、苹果洗净后去皮，切成小块连同柠檬汁、蜂蜜一起放入搅拌机中搅拌均匀后倒入盛有碎冰的载杯中。

(五)猕猴桃汁

材料：

猕猴桃1个，可尔必思(Calpis)1盎司，柠檬汁1茶匙，纯净水2盎司，冰块2~3块。

方法：

猕猴桃去皮后切成三等份，将上述材料倒入果汁搅拌机中搅匀后注入玻璃杯中，加上2~3块冰块并使之上浮。

(六)木瓜牛奶汁

材料：

木瓜150克，冰牛奶200毫升，香草冰激凌1勺，糖浆2茶匙，冰块适量。

方法：

将木瓜去皮去子切成块状，连同冰牛奶、香草冰激凌、糖浆倒入果汁搅拌机中搅匀后倒入盛有适量冰块的载杯中。

（七）西芹雪梨汁

材料：

西芹200克，雪梨1/2个，柠檬半个，蜂蜜1茶匙，冰块适量。

方法：

西芹去皮撕筋切成段状，雪梨去皮去核切成块状，柠檬榨汁，将上述材料和蜂蜜倒入搅拌机中搅匀后倒入盛有冰块的载杯中。

（八）综合沙拉果蔬汁

材料：

生菜1/2株，西芹150克，苹果1/2个，雪梨1/4个，番茄1/2个，蜂蜜2茶匙，碎冰适量。

方法：

苹果、雪梨去皮去核切成块状，番茄去皮切成角状，西芹去皮撕茎切成段状，生菜去根部切成段状，将上述所有材料和蜂蜜加入搅拌机中搅拌均匀后，稍作过滤倒入加有适量碎冰的载杯中。

（九）清凉夏季果汁

材料：

西瓜1片，水蜜桃1/2个，哈密瓜1/4个，柠檬1/2只，蜂蜜2茶匙，酸奶70毫升，冰块适量。

方法：

将西瓜、水蜜桃、哈密瓜去皮、去子、去核并切配，将上述材料和蜂蜜、酸奶、鲜榨柠檬汁倒入搅拌机中搅匀后，加入装有冰块的载杯中。

第四节　其他软饮料

一、可可

可可（Cacao）是用可可树的种子，即可可豆研磨成粉后制成的饮料。可可树是长在热带地区的常绿乔木，椭圆形树叶，黄色花冠，花萼为粉色，果实是卵形，颜色为红色、黄色和褐色，种子扁平，经焙炒，研磨后即为可可粉。可可粉既可冲制饮料，也可以用来制作巧克力。

可可具有极高的营养价值，它富含维生素A、维生素B、蛋白质、脂肪和磷，还含有少量的糖和可可碱，其味香浓可口，能增加热量、增强体质。

可可原产于美洲热带地区，现在非洲、拉丁美洲都是可可的最佳产地，其中，西非的加纳共和国可可的生产量位居世界之首，占世界总产量的1/3。此外，喀麦隆、赤道几内亚、厄瓜多尔、巴西、多米尼加等都种植和生产可可。

可可粉极易受潮，受潮受热都会产生酸味，潮重会变霉不能饮用，因此，可可粉必须在低温干燥处贮存。

目前，饭店里常用的可可类饮料品种还不是很多，除了可以用可可粉加糖调制可可饮料外，也可以用牛奶、咖啡等加可可冲调饮用，还可以在冰激凌上浇上可可汁制成冷饮。

二、乳品饮料

乳品饮料是以牛奶为主要原料加工而成的各类饮料品种，常见的有以下几类：

1.新鲜牛奶

新鲜牛奶是饭店餐厅、酒吧使用较多的营养性饮品，它通常是将新鲜的牛奶，采用巴氏消毒法消毒，即将牛奶加热至60~63℃，并维持30分钟左右，以杀死牛奶中全部病菌，然后装瓶或包装后提供给饭店销售。新鲜牛奶含有丰富的营养成分，口味芬芳，无任何不良气味。

新鲜牛奶饮料有无脂牛奶、强化牛奶、加味牛奶等几种类型。

2.酸乳

酸乳是用脂肪含量在18%以上的乳品，加入乳酸菌发酵后，再加入特定的甜味料，使其具有苹果、菠萝和特殊风味的酸乳饮料。

3.酸奶

酸奶是一种风味独特、营养价值较高的乳品类饮料，是以牛乳等为原料，通过乳酸发酵而成。酸奶具有增进食欲，刺激肠道蠕动，促进机体的物质代谢，增进人体健康的作用。

酸奶的种类较多，有全脂、半脱脂和脱脂酸奶；有凝固型、搅拌型酸奶；有甜型和淡型之分的酸奶，还有各种风格不同的果味酸奶等。

三、矿泉水

世界矿泉水的生产和消费始于欧洲，自20世纪30年代起，以每年30%的速度迅速发展，尤以法国为甚，年产矿泉水200万吨以上。此外，德国、意大利、比利时、瑞士等国的生产和消费都在不断增加。近几年来，矿泉水的生产和消费在世界各地迅速发展，特别是美洲、亚洲等地区增长迅速。

矿泉水受欢迎的主要原因是矿泉水中含有人体所需的微量元素和常量元素，如锌、铜、钡、钴、碘、铁等，且矿泉水本身不含热量。此外，由于水质污染的加剧，人们对饮用自来水越来越不放心，而矿泉水污染少，卫生、清洁，有益健康，同时又具有解渴和补充人体所需水分等特征，因而，其市场前景十分广阔。

目前，市场上供应的矿泉水分含气和不含气两种。含气矿泉水的制作首先是将天然矿泉与碳酸气通过管道进入分离器，使水气分离，经过对水进行消毒处理，沉淀去杂质后再导入气体混合器，与二氧化碳气体混合，然后装瓶上市。不含气的矿泉水是将天然不含气体的矿泉水直接沉淀过滤，保持其原有有益成分后装瓶销售；若原天然泉水中含有气体，则需进行脱气处理。不含气体的矿泉水是目前市场上矿泉水的主流产品。

世界著名的矿泉水品牌较多，质量上乘、品质独特的有：

法国巴黎矿泉水（Perrie），是一种带气泡的天然矿泉水，无色无味。

法国依云矿泉水（Evian），产自法国东南部，无泡、纯洁，略带甜味，口味非常柔和。

此外，还有德国 Apollinaris 矿泉水，意大利 Milan 矿泉水，日本富士 Fuji 矿泉水，美国 Mt.Valley矿泉水，中国崂山矿泉水等。

四、碳酸饮料

碳酸饮料是指含碳酸气即二氧化碳（CO_2）的饮料的总称，其特点是饮料中含二氧化碳，泡沫多而细腻，爽口清凉，具有清新口感。常见的碳酸类饮料有以下几类：

(1)普通型碳酸饮料　是通过引水加工压入二氧化碳的饮料，饮料中不含任何人工香料和天然香料，常见的有苏打水(Soda)。

(2)果味型碳酸饮料　是依靠食用香精和着色剂赋予一定水果香型和色泽的汽水，这类饮料色泽鲜艳，价格低廉，不含营养素，只起清凉解渴作用，常见饮品有柠檬汽水、汤尼克水(Tonic)和干姜汽水(Ginger Ale)等。

(3)果汁型碳酸饮料　是在原料中添加一定量的新鲜果汁而制成的碳酸水，它除了具有相应水果的色、香、味之外，还会有一定的营养素，有利于身体健康。

(4)可乐型碳酸饮料　是将多种香料与天然果汁、焦糖、色素混合而成，如美国的可口可乐、百事可乐等。由于生产中混合了多种香料，味道独特，颇受消费者欢迎。

知识链接

不同饮茶风俗

一、细腻精致的日本茶道

日本茶道是在我国唐宋时代的“茶会”“斗茶”“点茶法”及“末茶”的制作工艺的基础上，结合日本固有的文化特点及道德规范逐渐发展完善起来的。至15世纪，中国传统的茶文化开始与日本文化嫁接，形成了以千利休为鼻祖。沿袭至今的“千里流”茶道。日本茶道虽然只有500年的历史，却能以其传统、规范和广泛性成为世界茶文化宝库中一朵绚丽的奇葩。

(一)茶室

日本茶道在茶室举行。茶室为日本建筑风格，多建在环境优美的山石丛林之中，面积多为9平方米，适宜摆放四张半榻榻米。茶事活动出席人数一般为3~5人，而举行茶道的时间按照传统礼俗分为朝会(朝茶)、书会(正午)和夜会(夜晚)。

(二)茶道的“四规”和“七则”

1.四规

四规即“和、敬、清、寂”，为日本茶道的核心思想。和，即指茶道用具的谐调，人与人之间和睦亲近，人际关系融洽；敬，即指在人与人之间和谐的基础上，相互尊敬，并产生相敬如宾的情谊与感情；清，即指饮茶环境幽静与心境静谧，不染尘念，去邪无私，这是人的崇高境界之一；寂，乃是茶道最高境界，含有禅家静的含义，又有圆寂、新生和再生的隐意。

2.七则

七则是烹煮冲泡佳茗的必备条件，七则的内容是点茶浓淡适宜、水质优良、煮茶水温适度、把握好火候、炉式和方位适中、茶室要有插花、煮茶燃料选用上好的白炭。

(三)茶道的礼俗和程序

茶道是一种礼俗活动，每一次举行茶事都有特定的主题，如庆祝新人结婚、乔迁或纪念某人辞世多少周年等。为此，主人在茶事举行之前必须细致地做好各项准备工作，如向著名的茶园订茶，取名泉之水，根据茶事的主题确定茶具，去远方的野山采集山茶花等插花花材，采购茶点、茶食的原材料，确定首席客人及其陪客的名单并发出正式请帖，准备工作的最后一项也是最重要的一项便是清扫茶室、茶庭，力求做到一尘不染。

茶事的构成分初座和后座两部分。客人到来后，先到一个小房间喝一点热水，整理一下服饰和仪表，待客人全都到齐后，移位茶庭的小草棚内，欣赏茶庭的风景，然后人茶室就座，这一过程称为"初座"。届时，主人跪在门前欢迎客人，饮茶人躬身进入茶室，身上所佩戴之饰物包括手表等都必须置于茶室外，以保持茶室和睦的气氛。有的茶室外设有脸盆、清水，客人入室前洗手漱口，讲究的还须换上专用的新袜，以示对主人的尊重。客人入室后，主客互相鞠躬致意，然后客人鉴赏茶室布局及插花、书法、绘画，后依次盘坐，主人开始表演生火、添炭、煮水、冲茶。

日本茶道技法的核心是添炭技法和点茶技法，其中添炭包括初炭、后炭、立炭（客人临行时压火的炭）；点茶技法包括浓茶点茶技法、薄茶点茶技法。日本茶道使用末茶，冲泡前，将竹制茶刷洗净，用茶勺取两次末茶置于茶碗中，往茶碗中冲人约 100 毫升的热水，左手扶碗，右手点茶，用竹制茶刷快速均匀地上下搅动，直到泛起一层细腻的泡沫为止，泡沫越细越好。之后，茶刷在茶碗里划一圈，从茶碗的正中间离开茶面，并依次将茶碗递送给客人品饮。在备茶时，有人将各式茶点、茶食分发给客人，在饮茶前食用。茶事的高潮是让客人喝浓茶（浓似粥状）。用完茶食后，客人去茶庭休息，称为"中立"。之后再进入茶室，称为"后座"，在严肃庄严的气氛中，主人为客人表演点浓茶技艺，然后再次添炭，称为"后炭"。添炭之后，主人再为客人点薄茶（浓度似咖啡），最后客人退回，茶事完毕。茶事所需的时间以 4 小时为标准。

客人品茶时，恭敬地接过茶碗，向左转两圈半，避开茶碗精致漂亮的花纹饮用。饮用时，让茶在舌间滚动，细品茶香茶味，一般用两口半饮用完毕，再将茶碗花纹转回自己面前，擦去碗边残留茶末，仔细欣赏茶碗，后退还主人道谢。客人茶事完毕后，主人跪送客人。

总之，以和、敬、清、寂为基本精神的日本茶道，秉承中国唐宋遗风，是通过茶事活动来表现一定的礼节、人格、意境、美学观念和精神思想的一种饮茶艺术，它体现了茶艺与精神的圆满结合。

二、丰硕华美的英国红茶文化

（一）英国下午茶（Afternoon Tea）

一般认为，19 世纪 40 年代英国贝德福德女公爵安娜 · 玛丽亚带动英国人形成了喝下午茶风气；与此同时，英国维多利亚女王在白金汉宫用下午茶招待各国使节，英国正统的下午茶文化便在维多利亚女王时代成型。下午茶，通常选用最高级的红茶和最精美的茶具，佐食的茶点口味清淡，这样不致影响红茶醇美的滋味，不因为饱滞而失去谈兴。茶点布置精美，盛器典雅，一般布置于手推车上或以三层托盘点心架盛装，点心架最底层摆放去边皮的条状、菱形状手指三明治，常见的口味有夹小酸黄瓜片、火腿、鱼类海鲜以及调味少司，并垫以碧绿的生菜做底饰；二层放置英式烤饼或小松饼，并备有果酱、奶油等；最上层则是甜点、布丁、水果馅饼等。取食的惯例是由下而上取用，固守英式下午茶传统的人认为必定先咬一口三明治后，才可取食其他茶点。

（二）英国红茶一日饮

英国红茶，以其丰硕华美的文化气质成为英国人日常生活的一个场景和细节。据统计，英国人平均每年每人会喝掉1300杯茶，每人每天约喝四五杯茶，当然对嗜好饮茶的人就很难计数了。英国人饮用红茶的时段为全天候的，一天中六七次饮茶时段较为典型。虽然英式饮茶沿袭了一定的礼俗和规则，但如今已变得更为迎合人性化生活方式的需要，饮茶以即兴惬意为主，并竭力营造温馨的家庭气氛和宁静祥和的氛围。

1.英国早餐茶

传统的英国早茶，称为“开眼茶”“被窝茶”等。19世纪时，中产阶级以上的人家，起床前家仆侍候主人在床上用茶，内容通常为一壶热腾腾的红茶和二三片小甜饼。如今，早茶的习俗发生了改变，和丰富的英式早餐合而为一，称为英式早餐茶（*English Breakfast Tea*）。为了适应英国人的饮用需要，许多著名的红茶生产商推出了系列英式早餐茶产品，它是以印度、锡兰和肯尼亚等各地精选的红茶混合调配而成，品质特点是茶香浓郁、茶味醇厚、冲泡迅速，适宜调制成奶茶，迎合英国人早餐后饮一两杯奶茶的习惯。

2.十一点钟茶（午前茶）

英国人无论是上班族还是家庭主妇，都习惯泡制一杯或一壶果味红茶以示工作的开始，例如夏丽玛橙茶、综合水果茶等。到了十一点钟左右，上午工作告一段落，英国人便安排喝“十一点钟茶”，借以松弛身心，提神醒脑，通常选用口味浓烈的印度阿萨姆红茶。

3.下午茶（Afternoon Tea）

下午三四点钟，英国人习惯有一段15～20分钟左右的“茶点时间”（Tea Break）。这被视为社交的入门，如今演变为五彩缤纷的茶会，优雅舒适的环境，精致华美的茶具，质精量丰的红茶和各式精制清淡的茶点，配以衣着得体、举止文雅的绅士淑女，营造出丰硕华美的下午茶文化。以中国红茶或大吉岭红茶为基础，加以佛手柑熏制而成的伯爵茶（Earl Grey），添加牛奶后滋味更为鲜香顺美，其高贵的形象和气息，成为英国下午茶之经典。由于英国家庭大都拥有绿意盎然的庭院，在春季到秋季气候较为稳定的这段时间，在庭院草坪，举办下午茶会是英国人所热衷的。英国人此时一边品饮着香醇的红茶，一边沐浴着阳光，融入大自然的生机之中。

4.高茶（High Tea）

除了下午茶之外，英国人还有在下午五六点饮用高茶的习惯。和下午茶相比，高茶更为丰盛，因此也有人称下午茶为“Low Tea”。由于英国人的午餐较为简单，通常是一块三明治或几片面包搭配一杯红茶或咖啡了事，因此饮用下午茶或高茶的习惯最初是从生理需要引发的。在苏格兰以及英国其他地区还保留着高茶替代晚餐的习俗，其中最为著名的是兰卡郡的正式高茶（Lancashire High Tea），每人一大壶浓烈的红茶，例如阿萨姆红茶，伴以牛奶、柠檬片等，茶食、茶点有传统苏格兰面包，冷盘有色拉、酸黄瓜、火腿、鱼类海鲜、熏牛舌等，甜点有水果羹、糕饼、布丁等。由于高茶分量大，苏格兰人的晚餐极其简单，往往是几片饼干，一杯红茶或喝一碗麦片粥。

5.寝前茶

英国人家庭团聚温馨的气氛很浓。一天即将结束，全家人都习惯各取所需，按照自己的生活习惯和爱好喝杯睡前茶，在宁静祥和的气氛中和悠悠的茶香中互道祝福和晚安。奶茶、花草茶、伯爵茶等适宜在睡前饮用。

纵观英国红茶的一日饮，可以看出丰硕华美的英式红茶，格调精致但又不失自然，实现了“生活即是艺术”的境界。

6.英国著名的红茶公司和系列产品

英国本不产茶，绝大部分制茶的原料来自中国、印度、斯里兰卡、肯尼亚等国。19世纪末期，英国人在印度、斯里兰卡等国研制出各种新式的揉切机器以加速制茶作业，提高茶叶产量，由此产生了洛托凡制法等先进的茶叶制法，为世界制茶叶做出了杰出的贡献。与此同时，英国红茶公司茁壮成长，如今英国有许多百年以上历史的红茶生产商和制造公司。例如：梅洛斯（Melrose）、布鲁克孟铎（Brooke Bonds）、立顿（Lipton's）、杰克森（Jacksons）、川宁（Twinings）。

以杰克森红茶公司为例，其红茶系列产品有：大吉岭红茶（Darjeeling Tea）、锡兰红茶（Ceylon Tea）、伯爵红茶（Earl Grey Tea）、英式早餐茶（English Breakfast Tea）、水果杯红茶（Fruit Cup Tea）、乡村花草茶（Country Blossom Herbal Tea）、雏菊花草茶（Chamomile Herbal Tea）、薄荷花草茶（Peppermint Tea）等。

三、风情万种的欧式花草茶

花草茶，又称咯布茶，是由英文“Herbal Tea”音译而来。饮用花草茶历来是欧洲人的茶饮习俗，除体验那种优雅浪漫的风情外，欧洲人还视它为药草，用来保健养身。“Herb”大多茂密地生长在地中海沿岸和南欧等地，随着对花草茶需求的增加，目前也出现了人工栽培的花草。优质的鲜煮饮也可成茶，不添加人工色素和香料，成品野趣横生，花香十足，使人的身心融到了自然之中，悦目的色泽，平添了浪漫多姿的气息。

花草茶神奇的魅力，还在于花草茶中的有效成分具有药用和保健功效。例如，熏衣草茶有镇定宁神、舒缓神经痛、平衡情绪的作用；薄荷花草茶有静心怡神、消除腹胀、促进消化的作用；玫瑰花草茶有活血舒筋、美肤养颜的作用，为年轻女性所钟爱；迷迭香花草茶有促进血液循环、爽口醒脑、增进记忆之功效。花草茶世界多姿多彩，充满神奇，有纯花草制品和以红茶为基茶调配以花草而成。花草茶相对于茶，它的组成更具变化，如果单品饮能享受独特的滋味，而复合饮则品味更丰富，因此花草茶又有复合花草、复合花果、复合花果和茶叶（又称加味茶）之分。品饮花草茶既可清饮，也可添加糖、蜂蜜、牛奶、新鲜的水果切片、香料、新鲜食用的花、叶等调饮，除用水冲泡外，还可用牛奶酒来冲饮。

鉴别花草茶的优劣，主要从色泽、香气、风味、新鲜度、清洁度等方面。天然纯净、清香恬淡、源于自然，为花草茶的最大特色。在法国、意大利、北美等国家，花草茶通常为人们晨间、晚间和餐后饮用，为生活平添了浪漫的气息。在中国，花草茶则逐渐成为一种时尚和天然健康饮品，品花草茶多属于都市生活中一种饮用下午茶的方式，其迷人的气息正影响着人们的饮茶观念。

较为著名的花草茶有：

（1）霜降葡萄叶茶（Red Vine Leave Tea）；

（2）洋甘菊茶（Chamomile Tea）；

(3)柑橙花苞茶(Orange Bud Tea);
(4)肉桂茶(Cinnamon Tea);
(5)玫瑰茶(Rose Bud Tea);
(6)熏衣草茶(Lavender Tea);
(7)紫罗兰茶(Violet Tea);
(8)迷迭香茶(Rosemary Tea);
(9)柠檬马鞭草茶(Lemon Verbena Tea);
(10)英式薄荷茶(Peppermint Tea)。

本章小结

茶、咖啡和可可被称为是世界三大无酒精饮料。在酒吧,软饮料的消费往往是最大的。茶文化、咖啡文化同样博大精深、源远流长,如今饮茶、饮咖啡被视为高质量生活的一个标志,并引领一种时尚潮流,都市中中西茶馆、咖啡店比比皆是、层出不穷。碳酸类、矿泉水饮料已日益普及,成为人们日常生活不可缺少的一种休闲解渴饮料。21世纪,被誉为喝出健康的果蔬类饮料将成为世界饮料消费的趋势和主流。

思考与练习

1.试述茶的分类体系,并列举中国各类名茶。
2.日本茶道的特点是什么?
3.英式下午茶的特点是什么?
4.咖啡豆的品种有哪些?世界著名的咖啡有哪些?
5.常见咖啡的冲调方法有哪些?
6.分小组对当地饭店或餐娱市场的一中西式茶馆或咖啡店进行市场调查,针对其经营特色、经营方式、环境气氛、餐饮产品结构等方面拟一份报告。

第7章 鸡尾酒

☞ **学习重点**

- 了解鸡尾酒的发展历程、流行和变迁
- 掌握鸡尾酒的命名、分类、基本结构、调制原理、方法和步骤等
- 掌握世界经典的20余款鸡尾酒配方,能独立根据配方调制鸡尾酒

现代鸡尾酒起源于19世纪末20世纪初的美国,在短短的一百多年时间里,鸡尾酒经历了不同时代的流行和变迁,形成了一种独具艺术化风格的混合饮品。鸡尾酒发展至今,款式、品种和风味琳琅满目,变化多端,风情万种,并成为风靡全世界的饮料。玲珑雅致、晶莹剔透的杯盏;变化莫测、亦真亦幻的酒色;情趣盎然、鲜活生动的杯饰;酒液经过细致的调和,杯盏之中、点滴之间闪耀并跳动着感性的气质。

鸡尾酒文化自出现之日起,便引领着一种时尚和潮流,成为一种风靡世界的饮料,这不仅仅是因为其神秘的色彩和离奇的传说,而且鸡尾酒文化的背后显示出了不同国家、种族的文化和精神的融合和包容,打破传统、彰显个性在鸡尾酒的世界里发挥得淋漓尽致。

调酒,不仅是一门技术而且是一段艺术的创造和再现过程。如今,鸡尾酒被比喻作现代时尚一族的装饰品和都市人舒缓精神疲惫、休闲娱乐的掌中伴侣。对于调酒师而言,每一杯鸡尾酒的调制都是生活场景的再现和特定情感的流露,并穿梭游走于不同时代和意境的转换之间,一名优秀的调酒师被誉为"心情的营养师"。20世纪末,全球又掀起了一股饮用鸡尾酒的浪潮,细心品味一杯鸡尾酒就是追忆一段纯真的年代,追求一种特殊经历,也是寄予一种梦想。

第一节 鸡尾酒简介

酒品饮料有三种饮用方式:一种是直接饮用,即纯饮,不添加其他酒品和调配料,称之为Straight Drink;另一种是在酒品饮料中加冰的冰镇饮用方式,称之为On the Rocks;第三种是将多种酒类、饮料和其他配料辅料调和在一起混合饮用,称之为Mixed Drink。鸡尾酒则是混合酒品、饮料的一种。现在,习惯上将鸡尾酒作为混合饮料的总称。

一、鸡尾酒的定义

鸡尾酒一词英文为"Cocktail"。1806年,美国一本名叫《平衡》的杂志首次将鸡尾酒作了详细报道,并对鸡尾酒下了定义:"鸡尾酒是由任何蒸馏酒加糖、水和苦精(Bitter)混合而成。"1862年,第一本鸡尾酒专著《快乐佳人的伴侣——如何调配饮料》出版,作者是美国纽约大都会饭店和圣路易农庄旅馆的调酒师杰里·托马斯(Jerry Thomas)。

鸡尾酒的定义是随着鸡尾酒的发展而不断完善的,美国《韦氏辞典》解释为:鸡尾酒是一种量少而冰镇的酒品饮料,它以朗姆酒、威士忌、其他烈性酒或葡萄酒为基酒,再配以其他

材料,如果汁、蛋、苦精、糖等,以搅拌或摇荡法调制而成,最后再饰以柠檬片或薄荷叶等。鸡尾酒是一种色、香、味、形、意俱佳的艺术酒品,根据美国评酒专家厄恩勃(Embury)及专业权威人士的评价和总结,鸡尾酒应具备以下几方面的特性和作用:

(1)鸡尾酒是增进食欲的滋润剂,即使是以强调味型、含糖量高的酒品、果汁等调制出的鸡尾酒,也应符合这个基本范畴。

(2)鸡尾酒是一种含有酒精的混合饮品(无酒精鸡尾酒除外),它能振奋精神,并创造热烈的气氛;鸡尾酒又是精神的缓释剂,它能使人在特定的环境中解除身心疲劳和压力。

(3)鸡尾酒酒体风格卓越精妙,在以基酒为主体的前提下,进行调和,不过甜、过苦、过香,以免掩盖酒品本味而降低了酒品风格。

(4)鸡尾酒必须充分冰镇,从而使酒品更加清爽怡神。

(5)鸡尾酒饮用范围广泛,并可根据饮者的需求量身定做;在饮用方式上讲究时间、地点、场合。

20世纪二三十年代,被称为是鸡尾酒的"黄金时代",鸡尾酒概念的内涵不断丰富,外延不断扩大,给鸡尾酒下个比较完整系统的定义并非是一件易事,但在鸡尾酒的基本结构、调制方法等方面达成了共识:鸡尾酒是一种色、香、味、形、意俱佳的艺术饮品,它主要以蒸馏酒或酿制酒作为基酒,混合其他酒、果汁、碳酸类饮料、糖浆等调配材料、增色加味材料,采用搅拌、摇荡、分层等方法调制而成,最后倒入鸡尾酒载杯中,并以新鲜的果蔬、绿叶植物等作杯饰。

二、鸡尾酒的流行和变迁

从广义的范围来说,鸡尾酒与其他酒品一样具有悠久的历史。酒品、饮料混合饮用的方式自人类文明出现之时起,就已客观存在,其起源和发展亦显示出多源头、多走向的特性。公元17世纪,有关鸡尾酒的起源及"cocktail"一词的出处众说纷纭,没有准确的定论,但有关鸡尾酒神秘而离奇色彩的传说和逸事,一直为世人广泛流传,津津乐道。

工业革命使鸡尾酒的调制和饮用发生了质的变化,交通网络的快捷方便使鸡尾酒成了一种世界性的饮料,而此时世界各国人民对鸡尾酒又有了新的认识和演绎,直至今日。

(一)17世纪印度人发明了宾治(Punch)鸡尾酒

1630年,印度人发明了宾治鸡尾酒,由英国人传向世界各地。印度人当初调制的宾治鸡尾酒,以本土产的阿拉克(Arak)蒸馏酒作为酒基,加入糖、青柠汁、香料、水,在大容器中搅拌混合,然后分别舀入酒器中饮用。"Punch"这一名称源于印度语中的"Panji",有"五个"之意,即五种原料。

(二)现代鸡尾酒的定型和发展

从现代鸡尾酒调制技术的角度分析,加冰冷却和采用调制器具操作而产生的现代鸡尾酒,应出现在19世纪后半期,人工制冰机的发明,拉开了现代鸡尾酒发展的序幕。

1.人工制冰机的发明

1879年,慕尼黑工业大学的卡尔·冯·林德(Carl Von Linde 1842—1934年)教授发明并制造出制冰机,使调制鸡尾酒时随时取用冰块来冷却冰镇酒品,成为可能。为了使酒品充分地冷却与混合,便出现了摇酒壶、调酒杯、吧匙等调酒器具。在此基础上,现代鸡尾酒的调制法的雏形逐渐建立。

2.美国禁酒时代被称为"鸡尾酒的黄金时代"

1920年1月17日至1933年12月5日,为美国的禁酒时代。美国禁酒法的颁布改变了每个人的饮酒习惯,从而在美国掀起了饮用鸡尾酒的热潮。在禁酒时代,大力发展了无酒精饮料,例如果汁、碳酸类汽水等。由于禁止在公众场所饮酒,鸡尾酒品开始进入美国人的家庭,讲求生活艺术和品位的鸡尾酒给人们的居家生活带来了乐趣。与此同时,大批热衷于酿酒和调酒事业的酿酒师、调酒师纷纷移居到欧洲各国,美式鸡尾酒文化在欧洲大陆遍地开花,并借此契机,饮用鸡尾酒的方式传播到全世界。

3.第二次世界大战后,鸡尾酒的调制呈现出多样化、个性化的风格,并融入了各民族的人文精神

20世纪后半叶,鸡尾酒在全世界得到了空前的发展。在这个时期,英国、法国、意大利、德国等开辟了鸡尾酒调制的新领域,成为中坚力量,亚洲的日本在鸡尾酒世界中脱颖而出,成为鸡尾酒调制技术领先和发达的地区。餐饮加娱乐的休闲方式成为主流,尤其是当时流行摇滚乐和迪斯科,鸡尾酒进入了迪厅、夜总会等娱乐场所,酒类加软饮料和无酒精的鸡尾酒在这股热潮中大放异彩,也使得越来越多的女性成为鸡尾酒的拥护者。国际调酒师组织的建立并逐渐扩大其组织成员国,促进了全世界调酒师之间的相互切磋交流,推动了全世界调酒水平的平衡发展和提高。

4.20世纪80年代,健康鸡尾酒的流行

20世纪80年代,注重健康饮食、追求体型完美、回归自然的观念赋予了鸡尾酒调制新的活力,清淡怡神,充盈着新鲜果味的鸡尾酒广受欢迎,越来越多的人在饮用鸡尾酒的同时开始在内心捕捉油然而生的情感,创造一种经历或意境。

5.20世纪末,鸡尾酒主流的回归

现代鸡尾酒,经过100多年的发展、流行和变迁,呈现出多元化、国际化、个性化之特性。20世纪末,充满着怀旧的气氛。作为一种表达内心情感的语言,鸡尾酒的主流在20世纪末又开始轮回和回归,诸如马天尼、红粉佳人、金汤力等经典鸡尾酒,永远是全世界饮者的至爱,这也证实了鸡尾酒历经变迁之后显示出稳定发展的特性。

三、鸡尾酒的基本结构

鸡尾酒的种类款式繁多,调制方法各异,但任何一款鸡尾酒的基本结构都有共同之处,即由基酒、辅料和装饰物等三部分组成。

(一)基酒

基酒也称酒基,又称为鸡尾酒的酒底,是构成鸡尾酒的主体,决定了鸡尾酒的酒品风格和特色。常用作鸡尾酒的基酒主要包括各类烈性酒,如金酒、白兰地、伏特加、威士忌、朗姆酒、特吉拉酒、中国白酒等。葡萄酒、葡萄汽酒、配制酒等,亦可作为鸡尾酒的基酒。无酒精的鸡尾酒,则以软饮料调制而成。

基酒在配方中的分量比例有各种表示方法,国际调酒师协会统一以份(Part)为单位,一份为40毫升。在鸡尾酒的出版物及实际操作中通常以毫升、量杯(盎司)为单位。

(二)辅料

辅料是鸡尾酒调缓料和调味、调香、调色料的总称,它们能与基酒充分混合,降低基酒的酒精含量,缓冲基酒强烈的刺激感,其中调香、调色材料使鸡尾酒含有色、香、味等俱佳的艺术化特征,从而使鸡尾酒的世界色彩斑斓、风情万种。

可作鸡尾酒辅料的主要有以下几大类：

(1)碳酸类饮料　雪碧、可乐、七喜、苏打水、汤力水、干姜水、苹果西打等。

(2)果蔬汁　包括各种罐装、瓶装和鲜榨的各类果蔬汁，如橙汁、柠檬汁、青柠汁、苹果汁、西柚汁、杧果汁、西瓜汁、椰汁、菠萝汁、番茄汁、西芹汁、胡萝卜汁、综合果蔬汁等。

(3)水　包括凉开水、矿泉水、蒸馏水、纯净水等。

(4)提香增味材料　以各类利口酒为主，如蓝色的柑香酒、绿色的薄荷酒、黄色的香草利口酒、白色的奶油酒、咖啡色的甘露酒等。

(5)其他调配料　糖浆、砂糖、鸡蛋、盐、胡椒粉、美国辣椒汁、英国辣酱油、安哥斯特拉苦精、丁香、肉桂、豆蔻等香草料、巧克力粉、鲜奶油、牛奶、淡奶、椰浆等。

(6)冰　根据鸡尾酒的成品标准，调制时常见冰的形态有方冰(Cubes)、棱方冰(Counter Cubes)、圆冰(Round Cubes)、薄片冰(Flake Ice)、碎冰(Crushed)、细冰(幼冰)(Cracked)。

(三)装饰物

鸡尾酒的装饰物、杯饰等，是鸡尾酒的重要组成部分。装饰物的巧妙运用，可有画龙点睛般的效果，使一杯平淡单调的鸡尾酒立刻鲜活生动起来，充满着生活的情趣和艺术，一杯经过精心装饰的鸡尾酒不仅能捕捉自然生机于杯盏之间，而且也可成为鸡尾酒典型的标志与象征。对于经典的鸡尾酒，其装饰物的构成和制作方法是约定俗成的，应保持原貌，不得随意篡改。而对创新的鸡尾酒，装饰物的修饰和雕琢则不受限制，调酒师可充分发挥想象力和创造力。对于不需作装饰的鸡尾酒品，加以赘饰，则是画蛇添足，破坏了酒品的意境。

鸡尾酒常用的装饰果品材料有：

(1)樱桃(红、绿、黄等色)。

(2)咸橄榄(青、黑色等)、酿水橄榄。

(3)珍珠洋葱(细小如指尖、圆形透明)。

(4)水果类。水果类是鸡尾酒装饰最常用的原料，如柠檬、青柠、菠萝、苹果、香蕉、香桃、杨桃等，根据鸡尾酒装饰的要求可将水果切成片状、皮状、角状、块状等进行装饰。有些水果掏空果肉后，是天然的盛载鸡尾酒的器皿，常见于一些热带鸡尾酒，如椰壳、菠萝壳等。

(5)蔬果类。蔬果类装饰材料常见的有西芹条、酸黄瓜、新鲜黄瓜条、红萝卜条等。

(6)花草绿叶。花草绿叶的装饰能使鸡尾酒充满自然生机、令人倍感活力。花草绿叶的选择以小型花朵，小圆叶为主，常见的有新鲜薄荷叶、洋兰等。花草绿叶的选择应清洁卫生，无毒无害，不能有强烈的香味和刺激味。

(7)人工装饰物。人工装饰物包括各类吸管(彩色、加旋形等)、搅捧、象形鸡尾酒签、小花伞、小旗帜等，载杯的形状和杯垫的图案花纹，对鸡尾酒也起到了装饰和衬托作用。

第二节　鸡尾酒的命名和分类

鸡尾酒好比是一个庞大的家族，繁花似锦，争艳斗奇，家族中每一成员的名称，又好似“百家姓”，各有其渊源，并贯穿成长于鸡尾酒文化的起源和发展过程中。特色风格近似的鸡尾酒又自成体系，形成了相对稳定、个性突出的分类和归纳。鸡尾酒的命名和分类之间也存在着紧密的联系。

一、鸡尾酒的命名

鸡尾酒的命名五花八门，同一结构与成分的鸡尾酒之间，稍作微调或装饰改动，又可衍生出多种不同名称的鸡尾酒；同一名称的鸡尾酒，在世界各地的调酒师中，有着各自不同的诠释。鸡尾酒的命名虽然带有许多难以捉摸的随意性和文化性，但也有一些可遵循的规律，从鸡尾酒的名称入手，也可粗略地认识鸡尾酒的基本结构和酒品风格。

（一）根据鸡尾酒的基本结构、调制原料命名

（1）金汤力（Gin Tonic）　即金酒加汤力水兑饮。

（2）B&B　是由白兰地和香草利口酒（Benedictine DOM）混合而成，其命名采用两种原料酒名称的缩写而合成。

（3）香槟鸡尾酒（Champagne Cocktail）　该类鸡尾酒主要以香槟、葡萄汽酒为基酒，添加苦精、果汁、糖等调制而成，其命名较为直观地体现了酒品的风格。

（4）宾治（Punch）　宾治类鸡尾酒，起源于印度，有由“五种”原料混配调制而成之意。

根据鸡尾酒的基本结构与调制原料而命名的鸡尾酒范围广泛，直观鲜明，能够增加饮者对鸡尾酒风格的认识。除上述列举的，诸如特吉拉日出（Tequila Sunrise）、葡萄酒冷饮（Wine Cooler）、爱尔兰咖啡（Irish Coffee）等均采用这种命名方法。

（二）以人名、地名、公司名等命名

以人名、地名、公司名命名鸡尾酒等混合饮料，是一种传统的命名法，它反映了一些经典鸡尾酒产生的渊源，产生一种归宿感。

1.以人名命名

人名一般指创制某种经典鸡尾酒调酒师的姓名和与鸡尾酒结下不解之缘的历史人物。

（1）基尔（Kir 又译为吉尔）　该酒 1945 年，由法国勃艮第地区第戎市（Dijon）市长卡诺・菲利克斯・基尔先生创制，是以勃艮第阿利高（Aligote，白葡萄品种）白葡萄酒和黑醋栗利口酒调制而成。

（2）血腥玛丽（Bloody Mary）　是对 16 世纪中叶英格兰都铎王朝为复兴天主教而迫害新教徒玛丽女王的蔑称，该酒诞生于 20 世纪 20 年代美国禁酒法时期。

（3）汤姆・柯林斯（Tom Collins）　是 19 世纪由在伦敦担任调酒师的约翰・柯林斯（John Collins）首创。

此外，较为著名的以人名命名的鸡尾酒，还有贝里尼（Bellini）、玛格丽塔（Margarita）、秀兰・邓波儿（Shirley Temple）、巴黎人（Parisian）、红粉佳人（Pink Lady）、亚历山大（Alexander）、教父（Godfather）等。

2.以地名命名

鸡尾酒是世界性的饮料，以地名命名鸡尾酒，饮用各具地域风格和民族风情的鸡尾酒，犹如环游世界。

（1）马天尼（Martini）　是 1867 年，美国旧金山一家酒吧的领班汤马士为一名酒醉并将去马天尼滋（Martinez）的客人解醉而即兴调制的鸡尾酒，并以“马天尼滋”这一地名命名。

（2）曼哈顿（Manhattan）　这一款经典的鸡尾酒，据说是英国前首相丘吉尔的母亲杰妮创制，她在曼哈顿俱乐部为自己支持的总统候选人举办宴会，并用此酒招待来宾，以地名“曼哈顿”命名。

（3）自由古巴（Cuba Libre）　即朗姆酒可乐。1902 年，可口可乐在美国诞生，而在此时

古巴人民在美国的援助下,从西班牙统治下取得了独立,古巴特酿朗姆酒的英雄主义色彩和美国可口可乐式的自由精神融合在一起,便产生了这一"自由古巴"(Viva Cuba Libre,自由古巴万岁),并成为鸡尾酒之经典。

以地名命名鸡尾酒典型的还有:蓝色夏威夷(Blue Hawaii)、环游世界(Around the World)、布朗克斯(Bronx)、横滨(Yokohama)、长岛冰茶(Long Island Iced Tea)、新加坡司令(Singapore Sling)、代其利(Daiquiri)、阿拉斯加(Alaska)、再见!东方之珠(Bye-bye My Love)等。

3.以公司名命名

以公司名及所属酒牌名命名鸡尾酒,体现了鸡尾酒原汁原味、典型地道的酒品风格。为了倡导酒品最佳的饮用调配方式,生产商通常将鸡尾酒等混合饮料的配方印于酒瓶副标签口或单独印制手册,以飨饮者。

百家地鸡尾酒(Bacardi Cocktail),必须使用百家地公司生产的朗姆酒调制。1933年,美国取消禁酒法,当时设在古巴的百家地公司为促进朗姆酒的销售,设计了该酒品。

此外,还有飘仙一号(Pimm No.1 Cup)、阿梅尔·皮孔(Amer Picon Cocktail)等。

(三)根据鸡尾酒典型的酒品风格命名

根据鸡尾酒色、香、味、装饰效果等自然属性命名,并借助鸡尾酒调制后所形成的艺术化风格、而产生无限的联想,试图在酒品和人类复杂的情感、客观事物之间寻找某种联系,使鸡尾酒的命名产生耐人寻味的意境。

1.以鸡尾酒的色泽命名

除了一些远年陈酿的蒸馏酒,鸡尾酒悦人的色泽绝大多数来自丰富多彩的配制酒、葡萄酒、糖浆和果汁等。色彩在不同场合的运用,可表达某种特定的符号和语言,从而创造出特别的心理感受和环境气氛。以红色命名的鸡尾酒有红粉佳人、红羽毛、红狮、特吉拉日出、红色北欧海盗、红衣主教等。以蓝色命名的鸡尾酒有蓝色夏威夷、蓝色珊瑚礁、蓝月亮、蓝魔等。绿色在鸡尾酒中,有的也称为青色,如青草蜢、绿帽、绿眼睛、青龙等。

此类命名常见的还有黑色、金色、黄色等。色彩的迷幻和组合也是鸡尾酒命名的要素之一,例如彩虹鸡尾酒、万紫千红等。

2.以鸡尾酒典型的口感、口味命名

以酸味命名的较多,如威士忌酸酒、杜松子酸酒、白兰地酸酒等。

3.以鸡尾酒的典型香型命名

鸡尾酒的综合香气效果主要来自基酒和提香辅料中的香气成分,这种命名方法常见于中华鸡尾酒,如桂花飘香(桂花陈酒)、翠竹飘香(竹叶青酒)、稻香(米香型小曲白酒)等。

(四)根据以鸡尾酒为载体的人文特性命名

调酒技术和多元文化的亲合,使鸡尾酒充满了生命力,而鲜明的人文特性,包括情感、联想、象征、典故,一切时间、空间、事物、人物等都成了鸡尾酒形象设计、命名取之不尽的源泉。

1.以时间命名

以时间命名的鸡尾酒,并不是专指在某一特定时间段内饮用的鸡尾酒,这一类鸡尾酒的产生往往是为了纪念某一特别的日子,以及印象深刻的人物、事件和心情等。

如美国独立日、狂欢日、20世纪、初夜、静静的星期天、蓝色星期一、六月新娘、圣诞快乐、未来等。

2.以空间命名

以空间命名的鸡尾酒，将大千世界中的天地之气、日月星辰、风雨雾雪、明山秀水、繁华都市、乡野村落等一一捕捉于杯中，融入酒液，从而使人的精神超越时间、空间的界限，产生神游之感。

除上文提到的以地名命名的著名鸡尾酒外，再如永恒的威尼斯、卡萨布兰卡、伦敦之雾、跨越北极、万里长城、雪国、海上微风、地震、天堂、飓风等，均以空间命名。

3.以博物命名

大自然中万事万物，姿态万千，充满勃勃生机。花鸟虫鱼，显露出生活的闲情逸致；草长莺飞，激发起内心的萌动，所有这些为鸡尾酒的创作和命名提供了广博的素材。鸡尾酒的命名以及所产生的联想和情境，愈加提升了生活的艺术。

如百慕大玫瑰、三叶草、枫叶、含羞草、小羚羊、勇敢的公牛、蚱蜢、狗鼻子、梭子鱼、老虎尾巴、金色拖鞋、唐三彩、雪球、螺丝钻、猫眼石、翡翠等。

4.以人物命名

以人物命名鸡尾酒，在杯光酒影中倒映着一个个鲜活的面容和形象，使鸡尾酒与人之间更增添了某种亲和力。人物包括历史人物、神话人物以及某一类生存状态的人群等。

如拿破仑、伊丽莎白女王、罗宾汉、亚历山大姐妹、亚当与夏娃、甜心玛丽亚等。

5.以人类情感命名

以人类情感命名，喜怒哀乐隐于酒中，载情助兴。

如：少女的祈祷、天使之吻、恼人的春心、灵感、金色梦想等。

6.以外来语的谐音命名

以外来语谐音命名鸡尾酒，大都为异族语汇中某一事物或状态的俚语、昵称等，从而使鸡尾酒风行更具民族化。如琪琪(Chi-Chi)、依依(Zaza)、老爸爸(Papa)等。

7.以典故命名

典故性较强、流传较为广泛的鸡尾酒品有：马天尼、曼哈顿、红粉佳人、自由古巴、莫斯科骡子、迈泰、旁车、马颈、螺丝钻、血腥玛丽等。

鸡尾酒命名的直观形象性、联想寓意性和典故文化性，是任何单一酒品的命名所无法比拟的，鸡尾酒命名所产生的情境是鸡尾酒文化的重要组成部分，亦是其艺术化酒品特征的显现。

二、鸡尾酒的分类

鸡尾酒是无限种调制的混合饮料，因此世界上究竟有多少种鸡尾酒的配方和名目无法统计。根据鸡尾酒的酒品风格特征、饮用方式、调制方法等因素，鸡尾酒呈现出不同的分类体系。

(一)根据鸡尾酒成品的状态分类

1.调制鸡尾酒

根据一定的配方调制而成的鸡尾酒。

2.预调鸡尾酒

如同单一酒品，生产商精选一些典型、性状稳定的鸡尾酒配方调制装瓶(罐)而成。预调鸡尾酒开瓶(罐)后即可饮用。

3.冲调鸡尾酒(速溶鸡尾酒)

生产商将鸡尾酒的成分浓缩成可溶性的固体晶状粉末,一小袋为一杯的分量,在杯中或摇酒壶中加入冰块、粉末、酒以及其他软饮料经冲调而成。速溶鸡尾酒以水果风味的热带鸡尾酒较多。

(二)根据鸡尾酒的酒精含量和鸡尾酒分量分类

1.长饮类(Long Drink)

长饮类以蒸馏酒、配制酒等为基酒,加水、果汁、碳酸类汽水、矿泉水等兑和稀释而成。长饮类鸡尾酒等混合饮料,基酒用量较少,通常为1盎司,软饮料等辅料用量多,因此形成了混合饮品酒精含量少、饮品分量大、口味清爽平和、性状稳定的特点。长饮类鸡尾酒采用高杯盛载,并配以柠檬片等装饰调味,配以吸管、搅棒供搅匀和吸饮。酒精含量在10%以下,放置30分钟也不会影响其风味。

2.短饮类(Short Drink)

相对于长饮类,短饮类酒精含量高,分量较少,饮用时通常一饮而尽,马天尼、曼哈顿等均属于短饮类鸡尾酒。短饮类的基酒分量比例通常在50%以上,高者可达70%~80%,酒精含量在30%左右。

(三)根据饮用温度分类

1.冰镇鸡尾酒

加冰调制或饮用。

2.常温鸡尾酒

无须加冰调制或在常温下饮用。

3.热饮鸡尾酒

调制时按照配方加入热的咖啡、牛奶或热水等或酒品,采用燃烧、烧煮、温烫等加热升温方法。热饮鸡尾酒饮用温度不宜超过70℃,以免酒精挥发。

(四)根据饮用的时间、地点、场合分类

1.餐前鸡尾酒

餐前鸡尾酒,又名餐前开胃鸡尾酒,具有生津开胃、增进食欲之功效。餐前鸡尾酒的风格为含糖量少,口味稍酸、干洌,如马天尼、曼哈顿、血腥玛丽、吉尔以及各类酸酒等。

2.餐后鸡尾酒

餐后鸡尾酒是餐后饮用,是佐食甜品、帮助消化的鸡尾酒。餐后鸡尾酒口味甘甜,在调制的过程中惯用各式色彩鲜艳的利口酒,尤其是具有清新口气、增进消化的香草类利口酒和果汁利口酒。常见的餐后鸡尾酒有彩虹鸡尾酒、B&B、亚历山大、斯汀格、天使之吻等。

3.佐餐鸡尾酒

佐餐鸡尾酒色泽鲜艳,口味干爽,较辛辣,具有佐餐功能,注重酒品与菜肴口味的搭配。在西餐中可作为开胃品、汤类菜的替代品,但在正式的餐饮场合,佐餐酒多为葡萄酒。

4.全天饮用鸡尾酒

这一类鸡尾酒形式和数量最多,酒品风格各具特色,并不拘泥于固定的形式。

除上述四种常见的鸡尾酒类型外,还有清晨鸡尾酒、睡前(午夜)鸡尾酒、俱乐部鸡尾酒、季节(夏日、热带、冬日)鸡尾酒等。

(五)根据鸡尾酒的基酒分类

按照鸡尾酒的基酒分类是一种常见的分类方法,它体现了鸡尾酒酒质的主体风格。

1.以金酒为基酒

红粉佳人、金汤力、马天尼、金菲士、新加坡、司令、阿拉斯加、蓝色珊瑚礁、探戈等。

2.以威士忌基酒

曼哈顿、古典鸡尾酒、爱尔兰咖啡、纽约、威士忌酸酒、罗伯罗伊等。

3.以白兰地为基酒

亚历山大、B&B、旁车、斯汀格、白兰地蛋诺、白兰地酸酒等。

4.以伏特加为基酒

黑俄罗斯、血腥玛丽、螺丝钻、莫斯科骡子、琪琪、成狗等。

5.以朗姆酒为基酒

百家地鸡尾酒、自由古巴、迈泰、蓝色、夏威夷、代其利等。

6.以特吉拉为基酒

玛格丽特、特吉拉日出、斗牛士、特吉拉日落等。

7.以中国白酒为基酒

梦幻洋河、翠霞、干汾马天尼等。

8.以配制酒为基酒

金色凯迪拉克、彩虹鸡尾酒、万紫千红、蚱蜢、金巴利苏打、瓦伦西亚等。

9.以葡萄酒为基酒

香槟鸡尾酒、美国人、红葡萄酒宾治、基尔、含羞草、贝里尼、提香等。

(六)综合因素类

根据混合饮料的基本成分、调制方法、总体风格及其传统沿革等综合因素,将鸡尾酒进行分类。比如,亚历山大类(Alexander)、开胃酒类(Aperitifs)、霸克类(Bucks)、考伯乐类(Cobblers)、柯林斯类(Collins)、库勒类(Coolers)、考地亚类(Cordials)、克拉斯特类(Crustas)、杯饮类(Cups)、奶油类(Creams)、代其利类(Daiquiris)、黛西类(Daisies)、蛋诺类(Egg Nogs)、菲克斯类(Fixes)、菲斯类(Fizz)、菲力普类(Flips)、漂浮类(Floats)、弗来培类(Frappes)、占列类(Gimlet)、高杯类(High Balls)、热饮类(Hot Drinks)、朱力普类(Juleps)、马天尼类(Martinis)、曼哈顿类(Manhattans)、香甜热葡萄酒类(Mulled Wines)、格罗格类(Grogs)、密斯特类(Mist)、尼格斯类(Neguses)、古典类(Old-fashioned)、宾治类(Punches)、普斯咖啡类(Pousse Cafe)、兴奋饮料类(Pick-me-ups)、帕弗类(Puffs)、瑞克类(Rickeys)、珊格瑞类(Sangarees)、席拉布类(Shrubs)、斯加发类(Scaffas)、思曼希类(Smaches)、司令类(Slings)、酸酒类(Sours)、斯威泽类(Swizzles)、双料酒类(Two-Liquor Drinks)、托地类(Toddies)、赞比类(Zoombies)、赞明类(Zooms)等。

第三节 鸡尾酒的调制

鸡尾酒调酒技术,是一项专门化的酒水操作和服务技术,现代鸡尾酒随着其定义、分类法地不断完善,调制技术也随之日趋确定和规范。作为一名专职调酒师,必须由浅入深地训练和掌握调酒的方法、规则、术语和鸡尾酒配方,力求规范化、程序化、标准化,在此基础上充分发挥主动性、积极性和创造性。注重渲染气氛、姿态技巧的花式调酒,注重彰显个性、追逐时尚的创新鸡尾酒,为鸡尾酒的调制注入新的活力。

一、常见调酒术语

(一)标准酒谱(Standard Recipe)

标准酒谱,是有效地指导调酒操作、服务和进行成本控制的规范性文件。它是酒吧标准化管理的重要体现,其内容包括鸡尾酒等混合饮料的名称、标准配方、调制的方法和程序、载杯类型、装饰手法、成品服务方式和要求、成本、售价、毛利率,以及参考图片等。

(二)基酒(Bases)

基酒是鸡尾酒等混合饮料的主体,它决定了鸡尾酒的酒品风格。

(三)调配料(Mixing Aids)

鸡尾酒调制过程中添加的辅料,它是调缓材料和调香、调色、调味料的总称。

(四)装饰物(Garnish)

通常将装饰物称为鸡尾酒的杯饰,其目的是增加鸡尾酒的美感,提高鸡尾酒的观赏价值,并可改善鸡尾酒的风味。鸡尾酒的装饰物,一般由蔬果、花朵、绿叶,以及吸管、酒签、搅棒等经过切配雕琢、相互组合而成。对于一些经典传统的鸡尾酒,其装饰物的构成是基本固定的。

(五)载杯(Glassware)

盛载鸡尾酒等混合饮料的杯具,特定的鸡尾酒必须与特定的载杯相配,如此鸡尾酒的风格和个性才能充分体现和传达。

(六)摇荡(Shake)

在摇酒壶中,根据配方依次加入冰块、辅料、基酒等,采用单手或双手在胸前依照一定的规律和节奏大力摇荡,使调酒原料充分混合。摇荡的目的是要使较难混合在一起的材料充分融合,并使酒品达到快速冷却的效果,使酒精含量较高的酒品稀释,口感趋于柔顺温和。

(七)搅动(Stir)

搅动又称调和,操作时根据配方依次在调酒杯中加入冰块、辅料、基酒等,用吧匙沿着杯壁按顺时针方向搅动数次后滤入特定的载杯中。

(八)直接倒入(Build)

直接倒入又称为直接调制、兑和等。操作时根据配方的要求,直接将所需要的原料倒入特定的载杯中(冷却的酒品调制时则需加入冰块),可用吧匙轻轻地搅动,奉客时根据服务的要求在杯中配上搅棒、吸管等。彩虹类鸡尾酒的调制是将各种酒品按照含糖量和比重的大小,依次沿吧匙背徐徐倒入特定的载杯中,自然分层,不需搅动,也属于直接倒入调制的方法。

(九)搅拌(Blend)

采用果汁机、电动搅拌机调制果子露、冰雪类鸡尾酒时采用的方法,操作时在电动搅拌机中加入碎冰、切配的水果粒、果汁、原料酒品等,开启电源开关,搅拌至所要求的状态和程度,然后直接倒入特定的载杯中。根据成品的要求,有的还需要将果渣、泡沫及冰碴过滤后才装杯。

(十)漂浮(Float)

彩虹类鸡尾酒的调制方法,亦指白兰地、利口酒等酒品漂浮在以苏打水调制的混合饮品的表面。

(十一)甩/酹(Dash)

调酒时的微小计量单位,一般苦精的酒瓶盖上有一小孔,一甩(酹)就是将此瓶在载杯或摇酒壶上方轻摇一圈，注入混合饮品中，孔小的约10滴，孔大的约3~4滴，其量约1/3吧匙、1/6茶匙。

（十二）滴（Drop）

从苦精、辣椒汁、喼汁等调料瓶中落下1滴的量，在调整鸡尾酒口味时经常使用。

（十三）指幅（Finger）

将手指横贴于平底壁薄的高杯下部，在杯中加入一指宽的酒品，通常为30毫升，即1盎司左右，称为“一个指幅”，两指宽，代表双份，称为“两个指幅”。这种酒水计量的方法，虽然简易可行，但误差较大。

（十四）拧绞（Twist）

将宽约1厘米、长约5厘米的柠檬皮（柑橘皮）等拧绞，使其呈螺旋状，装饰并垂于鸡尾酒中。

（十五）柠檬油（柑橘油）调香（Zest）

将一块柠檬皮（柑橘皮）中的柠檬油（柑橘油）挤入鸡尾酒中，皮既可以投入酒中作装饰，也可弃之不用。

（十六）螺旋状果皮（Spiral）

将削成螺旋状的整个果皮垂于载杯中。

（十七）杯口挂糖霜、盐霜（Frost）

又称为冻雪式（Snow Style）。用柠檬片、青柠片等轻抹杯口并旋转一周，使杯口湿润，随即将杯口倒放在盛有精制细白糖或细盐的平底浅身器皿中，使杯口均匀地挂上糖霜或盐霜，此种方法也适用于杯口挂上果仁碎屑、巧克力米等。

二、调制基本方法

现代鸡尾酒发展的一个基本特征就是调制方法的确定。鸡尾酒种类繁多，风格各异，款式变化万千，但就其调制的基本方法却有一定的规律可循，概括起来有四种调制的基本方法，即摇和法、调和法、搅和法和兑和法。

（一）摇和法（Shake）

摇和法，又称为摇荡法、摇晃法。所谓摇和法就是将冰块和调酒材料按照配方的要求，依照一定的顺序放入摇酒壶中，采用摇荡的方式，使调酒材料充分混合的调酒方法。通常鸡尾酒采用摇和法调制，目的是使较难混合在一起的柠檬汁、果汁、糖、牛奶、鸡蛋等材料充分融合在一起，或者在摇荡的过程中，使混合酒品迅速达到冰镇冷却的效果，并能够适当地稀释和降低酒精含量。

摇动的方式并无统一的要求，但须保持身体稳定，姿态自然优美，动作协调。小号的摇酒壶可采用单手摇，主要用右手，方法是：右手食指卡住壶盖，其余四指均匀地握住壶身，依靠手腕的力量用力摇荡，同时前臂在胸前斜向上下方摇动，使酒液充分混合。大号的摇酒壶可采用双手摇，方法是：左手的中指托住壶底，食指、无名指及小指夹住壶身，拇指压住滤冰器；右手的拇指压住壶盖，其余四指均匀地扶住壶身，双手配合将调酒壶举至胸前，在胸前呈45°，用力呈活塞运动状摇动，摇动的路线可按斜上→胸前→斜下→胸前进行。

摇酒时的注意事项：

（1）调酒原料在摇酒壶中的投入顺序依次为：适量的冰块→辅料→基酒。冰块应新鲜，不宜使用碎冰。

(2)每次调制鸡尾酒的量不宜太多,壶内应留有一定的空间。

(3)无论采用单手摇还是双手摇,手掌不能紧贴壶身,以免影响酒品的温度。

(4)含有气泡的调配料如雪碧、可乐、苏打水、汤力水不可加入摇酒壶中摇荡,以免外溢,造成意外或浪费。

(5)普通鸡尾酒摇荡的时间为5秒左右,以手感冰凉为限;加蛋、奶等调配料的鸡尾酒摇荡时间须长些,使酒液充分融合。

(6)以像要把空气溶进鸡尾酒中的心情去摇动,面带微笑,注意摇动手运动的节奏美、韵律美。

(二)调和法(Stir)

调和法,是用调酒杯(Mixing Glass)或壁厚的玻璃杯(Large Glass)、吧匙或调酒棒、滤冰器调制鸡尾酒混合饮料的方法。调和法,通常用于"马天尼""曼哈顿"等简单鸡尾酒的调制,且大部分采用澄清易于混合均匀的主辅料。调制时,首先在调酒杯中放入适量的冰块,然后按照配方的要求注入辅料、基酒,用左手的食指和拇指握住调酒杯的底部,右手手指夹捻柄吧匙,将匙背贴着调酒杯的内壁按顺时针方向搅动数次,等左手感到冰凉或调酒杯外壁析出水珠时即可将混合酒液滤入鸡尾酒杯中。为了确保酒质,不可剧烈搅动,或搅动时间过长。

(三)兑和法(Build)

兑和法,即在载杯中直接调制鸡尾酒等混和饮料,又称为直调法。根据配方的要求,按标准分量将原料酒品直接倒入载杯中,不需搅动(或作轻微搅动)即可。但特殊的鸡尾酒需将吧匙贴紧杯的内壁,沿吧匙将酒品徐徐倒入杯中,自然分层,以免冲撞混合。

(四)搅和法(Blend)

搅和法,是采用果汁机、电动搅拌机调制果子露、雪泥类鸡尾酒等混合饮料的方法。调制时按配方的要求在果汁机或电动搅拌机的混合容器中加入果汁、牛奶、冰激凌、切配的果粒、酒品以及碎冰——通常最后加入——等物料,启动开关运转10~20秒后(可根据成品要求选择搅和档及运转时间),关闭电源开关,待电机运转停止后,取下混合容器,将混合饮品带雪泥一起倒入高杯或特饮杯中,并用吧匙轻微搅动,以免雪泥凝结成块状。根据成品的要求,有的还需要将果渣、冰碴、泡沫等过滤后才装杯。

三、常用器具

(一)调酒用具

1.摇酒壶(Shaker)

摇酒壶,又称雪克壶,是鸡尾酒调制的重要器具之一,由不锈钢、银质、钢化玻璃等制成。它是一种能够用于不同调酒材料,使之混合均匀,并能够使酒品快速冷却的器具。酒吧使用的调酒壶大多数是由不锈钢制成的,按容量大小可分为大号(530毫升)、中号(450毫升)、小号(250毫升)三种。调酒壶的构造是三段式的,即由壶盖、滤冰器和壶身组成,三段结合紧密。除了上述标准普通式的摇酒壶外(The Standard Shaker),还有一种美式摇酒壶,又称为波士顿式摇酒壶(The Boston Style Shaker),它是由不锈钢壶身,上扣一只钢化玻璃厚壁杯组成的,调酒时可以观察到壶中酒液的混合情形。花式调酒多采用波士顿调酒壶,以增添调酒技巧的表演性和观赏性。

2.量酒器(Measurer/Jigger)

量酒器又称为量杯、吉格等,是用来计算酒品分量的容器,大多为背贴式不锈钢量杯,一大一小，分别呈漏斗状。常见量酒器容量组合有：$\frac{1}{2}$盎司和$\frac{3}{4}$盎司、$\frac{3}{4}$盎司和1盎司、1盎司和1$\frac{1}{2}$盎司等。此外还有单一式的玻璃量杯，杯壁上有标准容量的刻度，从$\frac{7}{8}$盎司到3盎司不等。以1$\frac{1}{2}$盎司的玻璃量杯为例，杯壁上有$\frac{1}{2}$盎司、$\frac{5}{8}$盎司、$\frac{7}{8}$盎司、1盎司的刻度。

3.调酒杯(Mixing Glass)

调酒杯是一种阔口厚玻璃杯，容量大，杯内底部有一圆形微微凸起，便于吧匙在杯内搅动。调酒杯主要用于调和类鸡尾酒的调制。摇酒壶的壶身亦可作为调酒杯使用。

4.吧匙(Barspoon)

吧匙也称为调酒匙、捻柄吧匙。吧匙常见的形状为一头匙状，一头为叉——用来叉取柠檬片、樱桃等装饰物；吧匙中段呈螺旋状，便于手指夹住，多次平稳捻转调酒。吧匙放进调酒杯或从调酒杯中取出时，匙背应向上壁以免与冰块相碰。

5.滤冰器(Strainer)

滤冰器又称隔滤器。在铲形的不锈钢板上均匀分布着圆形的漏洞，边缘缠绕着螺旋状的钢丝，可根据调酒杯等器皿杯口的大小伸缩并卡住杯口，滤去冰块、果渣、泡沫等。

6.酒嘴(Pourer)

酒嘴又称瓶嘴、节流瓶嘴、倒酒器、PAT头等，是一种插在打开瓶盖(塞)后的酒瓶口的附加装置，以控制倒出的酒液量和速度。酒嘴有带量酒器的酒嘴、不锈钢酒嘴和螺纹塑料酒嘴几种，不锈钢酒嘴连带相配的软木塞一并插入瓶口中。

7.开瓶钻(Corkscrew)

开瓶钻种类繁多，形状各异，调酒师惯用的开瓶钻为T-型酒钻或称为T-型酒刀，又俗称为"调酒师之友"(Bartender's Friend)，是一种多功能开瓶器，它利用杠杆原理开启葡萄酒瓶塞，又可作为扳手、开罐器开启普通铁盖饮料、罐头等。

8.电动搅拌器(Electric Blender / Spindle Mixer)

电动搅拌器是利用搅拌头高速旋转的原理，将冰块、果汁、切配的水果粒、牛奶、冰激凌、酒品等打碎并搅拌均匀的电动装置，由机身、杆状螺旋搅拌头和不锈钢壶身等组成。电动搅拌器是用于调制果子露类、雪泥类鸡尾酒等混合酒品的主要器具，电动搅拌器的式样有多种。

9.其他调酒用具

(1)榨汁器(Squeezer)

榨汁器是将柠檬、青柠、橙子、西柚等水果榨成鲜果汁时使用的器具，其正中间有一个螺旋状突起的钻头，把对半切开的上述水果切面挤压螺旋突起，就会榨出新鲜果汁。

(2)电动榨汁机(Juice Machine)

用于榨取新鲜果汁，诸如橙汁、西柚汁、苹果汁、菠萝汁、果蔬汁等的电动装置，有推进型和钻头型两种类型。

(3)搅棒(Stirrer)

搅棒又称调酒棒，通常是用来搅拌和调和鸡尾酒等混合饮料的塑料小棒。

(4)吸管(Straw)

吸管是饮用鸡尾酒等冷饮时所配备的塑料空心细管，常见的有直管式、弯管式和异形式。

(5)鸡尾酒签(Cocktail Pick)

鸡尾酒签呈牙签状,尾部呈柄状,长短、颜色、形状各异,通常由塑料制成,通常用以串签水果作鸡尾酒的装饰。

(6)碾棒(Muddler)

通常为木棒的形状,一端呈扁平形,用于压碎固状物如方糖,另一端呈圆球状,用于碾冰或捣碎薄荷叶等。

(7)冰锥(Ice Pin)

冰锥是用于锥碎冰块的金属针锥。

(8)冰桶(Ice Bucket)

用于盛载冰块或使香槟、白葡萄酒等冷却的金属桶。

(9)冰铲(Ice Scoop)

也称之为冰勺,是从制冰机中铲取冰块,或将冰块铲入摇酒壶、载杯中的工具。

(10)冰夹(Ice Tong)

冰夹是夹取冰块的金属夹,顶端呈锯齿状。

(11)水果夹

水果夹是夹取水果装饰物的金属夹,水果夹的顶端成鸡爪状。

(12)杯垫(Coast)

杯垫是垫于鸡尾酒载杯底部圆形或方形衬垫,通常为纸质的,兼有吸水和装饰两种功能。

(13)香槟酒定塞器(Champagne Stopper)

这是一种用于零杯售卖或调制鸡尾酒的香槟开瓶后,为防止二氧化碳气体的流失逸出而紧塞瓶口的装置物。

(14)葡萄酒定塞器(Wine Stopper)

这是一种葡萄酒开瓶后,为防止空气接触酒液产生氧化反应,使瓶中近乎达到真空状态的装置物,亦称之为真空葡萄酒塞。

(15)爱尔兰加热器(Irish Coffee Warmer)

用于调制爱尔兰咖啡等混合热饮,并用于燃烧的装置,由前后一高一低的支架基座和固体酒精盛器构成。

(16)苦酒瓶(Bitters Bottle)

这是盛装苦酒(精)的一种小型玻璃瓶,一般下部呈洋葱状,上部呈细颈状,并带有一个金属瓶口。

(17)刨冰机(Ice Crusher)

刨冰机是将冰块切削成碎冰、雪泥的装置,有手动和电动两种。

(18)其他:漏斗(Funnel)、把刀(Bar Knife)、砧板(Cuting Board)、水罐(Water Pitch)、宾治盆(Punch Bowl)、清洁布巾(Towel)、葡萄酒酒篮(Wine Basket)等。

(二)载杯类型

载杯与鸡尾酒之间存在着密切的关系,它是展示鸡尾酒艺术风格的重要组成部分。在注重格调、气氛的鸡尾酒世界里,造型别致、晶莹剔透的各式载杯集优美、力度与稳定性为一体。载杯的运用是随着鸡尾酒的种类、风格的不同而变化的，载杯与鸡尾酒的配用有着特定的规则，鸡尾酒的魅力才得以充分展现和传达。

载杯属玻璃器皿，根据其材质特点，可大致分为普通玻璃、波希米亚水晶玻璃和水晶玻璃三大类。

普通玻璃载杯：由硅砂、碳酸钠（苏打灰）、碳酸钙（石灰石）制成，氧化后玻璃带点浅绿色，普通玻璃载杯工艺历史悠久，为餐厅、酒吧所广泛采用。

波希米亚玻璃载杯：17世纪以后，捷克波希米亚地区开始生产此种玻璃制品，由硅砂、碳酸钾、碳酸钙等制成，耐热性和强度比普通玻璃制品高，透明度高，晶莹透亮，无杂色。

水晶玻璃载杯：17世纪后半叶，英国发明了在生产原料中添加氧化铅（又名铅丹）的水晶玻璃生产技术。水晶玻璃载杯由硅砂、碳酸钾、氧化铅及其他辅助材料制作而成。氧化铅的含量在24%以上，故较一般玻璃载杯重，玻璃质地软，可以在其表面雕刻精致的花纹；折射率高，可折射出一抹紫蓝色的色彩；弹击杯身可发出清脆铿锵的金属声。水晶玻璃载杯属高档名贵器皿，其缺点是强度和耐热性不高。

酒吧惯用载杯：

1.鸡尾酒杯（Classical Cocktail Glass）

传统的鸡尾酒杯通常呈倒三角形或倒梯形，阔口浅身高脚，用于盛载马天尼、曼哈顿等短饮类鸡尾酒，容量以$4\frac{1}{2}$盎司最为适宜。鸡尾酒杯杯体的形状可以是异形的，但所有鸡尾酒杯必须具备下列条件：

（1）杯身不带任何色彩和花纹，光滑、晶莹、洁净。

（2）由玻璃制成，不可采用塑料杯等替代品。

（3）以高脚杯为主，基座水平平稳，拿取或饮用时，手持基座或柄部，使鸡尾酒保持良好的冷却效果。

2.古典杯（Old-fashioned Glass）

古典杯又称洛克杯、老式杯等，主要盛载加冰块饮用的威士忌或老式鸡尾酒等，特点是杯底平而厚，身矮呈圆筒状，杯口较宽，适宜的容量为6~8盎司。

3.高杯（Highball Glass）

高杯又称高球杯、海波杯等，平底圆筒状，用于盛载软饮、高杯类长饮混合饮料等，用途广泛，适宜容量为8~10盎司。

4.柯林士杯（Collins Glass）

与高杯相似，杯身比高杯细而长，用于盛载诸如“汤姆·柯林”“约翰·柯林”等长饮类混合饮料，适宜的容量为10~12盎司。

5.森比杯（Zombie Glass）和库勒杯（Cooler Glass）

森比杯和库勒杯都属于平底高身类载杯，形状与高杯、柯林士杯相似，但容量较大，主要用于盛载量大的森比类、冷饮类鸡尾酒，适宜的容量为12~14盎司，库勒杯适宜的容量为15~16盎司。

6.烈酒杯（Short Glass/Jigger）

烈酒杯又称净饮杯，玲珑小巧，平底壁厚，用于净饮烈性酒，容量以2盎司为宜。

7. 白兰地杯(Brandy Snifter)

白兰地杯形似肥硕的郁金香,杯口小而呈收敛状,又称大肚杯、小口矮脚杯、拿破仑杯等。饮用白兰地时,手掌托住杯身,五指均匀分布,借助手温传递热量给白兰地酒液,并轻轻晃动酒杯,使酒香充分散发。白兰地酒杯容量范围伸缩性较大,以 8 盎司最为适宜,传统的饮用方式是在酒杯中斟入 1 盎司的分量。

8. 香槟杯(Champagne Glass)

香槟杯的式样多种多样,以阔口浅碟形香槟杯和郁金香形香槟杯最为常见。阔口浅碟形香槟杯能够使饮者充分享受香槟酒丰富细腻的泡沫,而郁金香型的香槟杯则能让饮者欣赏到香槟腾踔状的汽珠。浅碟形香槟杯在喜庆场合可以堆垒成香槟塔,香槟酒自上而下斟倒形成所谓的"香槟瀑布"。香槟杯作为鸡尾酒的载杯,用途和使用范围都较为广泛。香槟酒杯适宜的容量为 3~6 盎司,以 4 盎司容量的香槟酒杯最为标准。

9. 葡萄酒杯(Wine Glass)

在载杯中葡萄杯的种类、形态和容量规格最多,根据国家和地方饮用风俗以及葡萄酒类型的不同,对葡萄酒杯有着各不相同的品质要求,但有一些基本的要求是相同的:

(1)杯身上没有烦琐的纹饰,无色透明,洁净光滑,以便能欣赏到葡萄酒的本色。

(2)杯体呈郁金香状,杯口向内侧稍作收拢。

(3)杯口直径在 6 厘米、容量 200 毫米(8~9 盎司)以上最为标准。

(4)葡萄酒杯的杯壁和杯口较薄,便于对葡萄酒的细饮品尝。

(5)红葡萄酒杯的容量比白葡萄酒杯的容量稍大,杯体丰满略呈球形,因此红葡萄酒斟五成,白葡萄酒斟七成,这个成数酒液在杯中恰好达到最大横切面,使酒液与空气充分接触,从而发挥葡萄酒果香馥郁的酒体风格。

10. 比尔森式啤酒杯(Pilsner Glass)

比尔森式啤酒杯为传统式的啤酒杯,形状较多,有平底和矮脚两种主要类型,杯口略呈喇叭形,容量以 10~12 盎司最为适宜。

11. 带把啤酒杯(Beer Mug)

带把啤酒杯又称扎啤杯,其特点是杯体容量大,杯壁厚实,有玻璃制、陶瓷制、金属制等不同类型,容量以 0.2 升、0.3 升、0.5 升、1.0 升等最为常见。

12. 酸酒杯(Sour Glass)

酸酒杯是饮用含柠檬汁、青柠汁等酸味成分显著突出的鸡尾酒的特制载杯。酸酒杯为高脚杯,容量 4~6 盎司最为适宜。

13. 利口酒杯(Liqueur Glass)

利口酒杯是盛载利口香甜酒和彩虹鸡尾酒的杯具,杯形小,有矮脚和高脚之分,杯身管状,杯口略呈喇叭状,容量以 2~3 盎司最为适宜。

14. 雪利酒杯(Sherry Glass)

雪利酒杯是饮用雪利酒、波特酒等甜食酒的杯具,高脚,杯体呈花骨朵状,容量以 2~3 盎司最为适宜。

15. 其他载杯

(1)高脚水杯(Goblet)

(2)平底水杯(Tumbler Glass)

(3)玻璃耳杯(热饮杯)(Cup)

(4)金属耳杯(Tankard)

(5)飓风杯(特饮杯)(Hurricane Glass)

(6)水罐(Water Pitcher)

(7)果冻杯/冰激凌杯(Sherbet Glass /Ice Cream Glass)

(8)宾治酒缸/宾治杯(Punch Bowl)/Punch Glass)

(9)滤酒器(Wine Decanter)

四、鸡尾酒调制规则

(一)鸡尾酒调制的基本原理

(1)鸡尾酒的基本结构是基酒、辅料(调配料)和装饰物,鸡尾酒主要是以烈性酒作为基酒,辅助以调缓料、调香调色调味料等调配而成,并饰以装饰物。

(2)调制时中性风格的烈性酒可以与绝大多数风格、滋味各异的酒品、饮料相配,调制成鸡尾酒,从理论上讲鸡尾酒是一种无限种酒品之间相互混合的饮料,这也是鸡尾酒的一个显著特征。

(3)风格、滋味相同或近似的酒品相互混合调配是鸡尾酒调制的一个普遍规律。

(4)风格、味型突出并相互抵触的酒品如果香型、药香型一般不适宜相互混合。

(5)采用碳酸类汽水或有气泡的酒品调制鸡尾酒时不得采用摇荡法,应采用兑和法或调和法。

(6)调制鸡尾酒时,投料的前后顺序以冰块→辅料→基酒为宜,但采用电动搅拌机调制鸡尾酒时,冰块或碎冰通常是最后才加入。

(二)鸡尾酒调制的步骤与程序

(1)先按配方的要求将所需的基酒、辅料等找出,整齐地放于工作台调酒制作的专用位置。

(2)准备好调酒器具、载杯及装饰物等。

(3)采用正确规范的调酒方法(摇和法、调和法、兑和法、搅和法)调制、装饰、出品。

(4)清理工作台(吧台),清洗调酒器具,将酒品和调酒器具放回原处。

(三)调酒的技巧

(1)任何一款鸡尾酒都必须严格按照配方的要求进行调制

(2)调酒过程中任何环节的操作都要展示良好健康的精神风貌,动作娴熟潇洒、连贯自然、姿态优美,清洁卫生

(3)面对宾客调制鸡尾酒应具有表演性和观赏性,这对渲染气氛,给宾客以美好的视觉享受起着积极的作用

(4)传瓶→示瓶→开瓶→量酒的操作规范及技巧

①传瓶

把酒瓶从酒柜或操作台上传至手中的过程,即为传瓶。传瓶,一般从左手传至右手或直接用右手将酒瓶传递至手掌部位。用左手拿瓶颈部分传至右手上,用右手拿住瓶的中间部位,或直接用右手提及瓶颈部分,并迅速向上抛出,并准确地用手掌接住瓶体的中间部分,要求动作迅速稳当、连贯。

②示瓶

将酒瓶的商标展示给宾客。用左手托住瓶底，右手扶手瓶颈，呈 45° 角把商标面向宾客。

③开瓶

用右手握住瓶身，并向一侧旋动，用左手的拇指和食指从正侧面按逆时针方向迅速将瓶盖打开，软木帽形瓶塞直接拔出，并用左手虎口即拇指和食指夹着瓶盖（塞）。开瓶是在酒吧没有专用酒嘴时使用的方法。

④量酒

开瓶后立即用左手的中指、食指、无名指夹起量杯，两臂略微抬起呈环抱状，把量杯置于敞口的调酒壶等容器的正前上方约 4 厘米左右，量杯端拿平稳，略呈一定的斜角，然后右手将酒斟入量杯至标准的分量后收瓶口，随即将量杯中的酒倒入摇酒壶等容器中，左手拇指按顺时针方向旋上瓶盖或塞上瓶塞，然后放下量杯和酒瓶。

（四）吧匙使用的规范和技巧

在调和鸡尾酒时，左手的大拇指和食指握住调酒杯的下部，右手的无名指和中指夹住吧匙柄的螺旋部分，因拇指和食指捻住吧匙柄的上端，调和时，拇指和食指不用力，而是用中指的指腹和无名指的指背促使吧匙在调酒杯中按顺时针方向转动。巧妙地利用冰块运动的惯性，发挥手腕的弹动力，用中指和无名指使吧匙连续转动。吧匙放入杯中或拿出时，匙背都应向上。

（五）滤冰器使用的规范和技巧

将滤冰器小心平稳地扣卡在调酒杯的杯口上方，调酒杯的注流口向左，滤冰器的柄朝相反的方向，将右手的食指抵住滤冰器的突起部分，其他四指紧紧握住调酒杯的杯身，左手扶住鸡尾酒载杯的底部或基部，将酒滤入载杯中。

五、经典鸡尾酒 20 款

（一）马天尼（Martini）

马天尼是由金酒和味美思等材料调制而成，分为干型、甜型和半甜型（中性）三种。

1. 干马天尼（Dry Martini）

配方：2/10 干马天尼（Martini Extra Dry），8/10 金酒（Gin）

方法：直调法或调和滤冰法，在调酒杯中加入适量的冰块和配方中的材料，用吧匙稍作搅拌均匀，滤入鸡尾酒杯中，用一枚橄榄并拧入一片柠檬皮作装饰。

2. 甜马天尼（Sweet Martini）

配方：5/10 甜红味美思（Martini Rosso），5/10 金酒（Gin）

方法：直调法或调和滤冰法，在调酒杯中加入适量的冰块和配方中的材料，用吧匙稍作搅拌均匀，滤入鸡尾酒杯中，用一枚红樱桃作装饰。

（二）曼哈顿（Manhattan）

曼哈顿鸡尾酒，主要是由黑麦威士忌和味美思等调制而成的，曼哈顿鸡尾酒可采用直调法或调和滤冰法调制，以鸡尾酒杯盛载。甜型曼哈顿用红樱桃装饰，干型曼哈顿以橄榄装饰，中性或完美型曼哈顿则可用柠檬皮作装饰。

曼哈顿（甜型）（Manhattan）

配方：1 甩（Dash）安哥斯特拉苦酒（Angostura Bitters）；

15 毫米甜红味美思(Sweet Red Vermouth);

40 毫米美国黑麦威士忌(Rye Whisky)

方法:直调法或调和滤冰法,在调酒杯中加入适量的冰块和配方中的材料,用吧匙稍作搅拌均匀,滤入鸡尾酒杯中,杯中加入一枚红樱桃作装饰。

(三)红粉佳人(Pink Lady)

红粉佳人流传的配方众多,主要由金酒、柠檬汁、红石榴糖浆、蛋清等调制而成。由于红石榴糖浆、蛋清、柠檬汁等调配料的使用分量不同,调制而成的红粉佳人的颜色、泡沫、酸甜度也有差别。

1.红粉佳人Ⅰ(Pink Lady Ⅰ)

配方:2/3 盎司金酒(Gin),1/3 盎司红石榴糖浆(Grenadine Syrup),1/2 盎司柠檬汁(Lemon Juice),1 个蛋清(Egg White)

方法:摇和法,将冰块和配方中的材料加入摇酒壶中,用力摇匀至起泡沫,滤入鸡尾酒杯或宽口碟形香槟杯中,以一枚红樱桃作装饰。

2.红粉佳人Ⅱ(Pink Lady Ⅱ)

配方:1 盎司金酒(Gin),1/3 盎司君度酒(Cointreau),1 甩(Dash)柠檬汁(Lemon Juice),1/2 盎司红石榴糖浆(Grenadine Syrup),1 盎司蛋清(Egg White)

说明:辅料中增加了君度香甜利口酒,因此甜度增高,清香味也愈加明显。

(四)玛格丽特(Margarita)

配方:15 毫升柠檬汁或青柠汁(Lemon Juice or Lime Juice),25 毫升君度利口酒(Cointreau),40 毫升特基拉酒(Tequila)

方法:摇和法,在摇酒壶中加入冰块和配方中的材料摇和均匀,滤入事先准备好的沾有盐圈的鸡尾酒杯或阔口碟形香槟杯中,并饰以一片柠檬片或青柠片。

(五)血腥玛丽(Bloody Mary)

配方:2 甩(Dash)李派林喼汁(L&P Worcestershire Sauce),1/10 的鲜柠檬汁(Fresh Lemon Juice),3/10 的伏特加(Vodka),6/10 的番茄汁(Tomato Juice),适量的盐(Salt)、胡椒(Pepper)、美国辣椒仔汁(Tabasco),香芹枝(Celery Stick)

方法:直调法,在沾有盐圈的高杯或坦布勒杯中放入冰块,将柠檬汁、番茄汁、伏特加放入杯中,稍作搅拌,在酒液中抖入适量的李派林喼汁、美国辣椒汁、盐、胡椒粉等,以柠檬片和带嫩叶的香芹枝作装饰。

(六)代其利(Daiquiri)

代其利鸡尾酒是由淡质朗姆酒、青柠汁、糖浆等调制而成,酒品风格清新透彻,是以朗姆酒为基酒的鸡尾酒杰作。

配方:8 毫米糖浆(Gomme Syrup),20 毫米柠檬汁或青柠汁(Lemon or Lime Juice),40 毫米淡质朗姆酒(Light Rum)

方法:摇和法,在摇酒壶中加入冰块和配方中的材料摇匀,滤入鸡尾酒杯中,无须装饰。

(七)亚历山大(Alexander)

配方:20 毫米鲜奶油(Cream),20 毫米棕色可可利口酒(Creme de Cacao Brown),20 毫米白兰地(Brandy)

方法:摇和法,在摇酒壶中加入冰块和配方中的材料,用力摇荡均匀,滤入鸡尾酒杯中,并在酒液的表面撒上少许肉豆蔻粉。

(八)金汤力(Gin & Tonic)

金汤力是典型的高球类混合饮料之一,这一类混合饮料通常是以一种烈性酒、开胃酒或利口酒等为基酒,兑以各种调配辅料如碳酸类汽水、果汁、饮用水而成,并以高球杯盛装。

配方:1~1 $\frac{1}{2}$盎司金酒(Gin),适量汤力水(Tonic)

方法:直调法,在高杯中加入适量的冰块,量入金酒,兑入适量的汤力水并稍作搅拌,饰以柠檬片或青柠片,配以搅棒和吸管。服务时,可奉上一听汤力水,宾客可根据口味特点和饮用习惯,自行添加。

(九)新加坡司令(Singapore Sling)

配方:1 $\frac{1}{2}$盎司金酒(Gin),1/2 盎司樱桃白兰地(Cherry Brandy),2/3 盎司柠檬汁(Lemon Juice),1~2 茶匙(tsp)砂糖或糖浆(Sugar or Syrup),适量苏打水(Soda Water)

方法:摇和法,在调酒壶中加入适量的冰块、柠檬汁、砂糖或糖浆、金酒,用力摇匀后滤入盛有适量冰块的高杯中,兑入适量的冰镇苏打水,在酒液的表面旋入樱桃白兰地,以柠檬片和红樱桃作装饰,配以吸管和搅棒。

(十)阿拉斯加(Alaska)

1.阿拉斯加(Alaska)

配方:1 $\frac{1}{2}$盎司金酒(Gin),1/2 盎司沙特勒兹香草利口酒(黄色)(Chartreuse)

方法:摇和法,在调酒壶中加入适量的冰块和配方中的材料,摇匀滤入鸡尾酒杯中,根据口味的需要可挤入少许的柠檬汁,抖入少许的苦精,不需要杯饰。

2.绿色阿拉斯加(Green Alaska)

配方:1 $\frac{1}{2}$盎司金酒(Gin),1/2 盎司沙特勒兹香草利口酒(绿色)(Chartreuse),1/2 盎司雪利酒(Dry Sherry)

方法:同上,可用柠檬角作装饰。

(十一)古典鸡尾酒(Old Fashioned)

配方:1 $\frac{1}{2}$盎司波本威士忌(Bourbon Whisky),1 块方糖(Lump of Sugar),1Dash 苦精(Angostura Bitters),2 茶匙(tsp)苏打水(Soda Water)

方法:在古典杯中放入方糖,抖入苦精并添加苏打水,搅拌使方糖溶化后,加入适量的冰块,并注入波本威士忌,拧入一片柠檬片,用鸡尾酒签串半片橙片和一枚红樱桃作装饰投入古典杯中,并配上搅棒。

(十二)生锈钉(Rusty Nail)

生锈钉(Rusty)是典型的双料鸡尾酒之一(Two-Liquor Cocktails),双料类鸡尾酒的特点是口味偏甜,配方和调制方法简单。

配方:1 盎司苏格兰威士忌(Scotch Whisky),1 盎司杜林标利口酒(Drambuie)

方法:直调法,在古典杯中加入适量的冰块和配方中的材料,稍作搅拌均匀,以一条拧绞的柠檬皮装饰。

（十三）普士咖啡（Pousse Cafe）

普士咖啡又称为彩虹鸡尾酒。

1.普士咖啡（一）（Pousse Cafe）

配方：红石榴糖浆（Grenadine Syrup）5毫升，绿薄荷酒（Creme de Menthe Green）5毫升，白薄荷酒（Creme de Menthe White）5毫升，樱桃白兰地（Cherry Brandy）5毫升，蜂蜜利口酒（Drambuie）5毫升，君度橙皮利口酒（Cointreau）5毫升，白兰地酒（Brandy）5毫升

方法：兑和法（飘浮法），最后划一根火柴将酒液表面的白兰地点燃，并配一柠檬头。

2.普士咖啡（二）（Pousse Cafe）

配方：红石榴糖浆（Grenadine Syrup）5毫升，紫罗兰利口酒（Creme de Yvette）5毫升，白薄荷酒（Greme de Menthe White）5毫升，黄色沙特勒兹利口酒（Yellow Chartreuse）5毫升，绿色沙特勒兹利口酒（Green Chartreuse）5毫升，白兰地（Brandy）5毫升

方法：调制彩虹类鸡尾酒适宜采用同一公司品牌的利口甜酒，如Bols等。

（十四）吉尔（Kir）

吉尔是以葡萄酒为基酒调制的鸡尾酒的典型代表之一。

配方：1/5黑醋栗利口酒（Creme de Cassis），4/5干白葡萄酒（Dry White Wine）

方法：将配方中的材料事先冷却，白葡萄酒杯经过挂霜或溜杯处理，首先将黑醋栗酒倒入白葡萄酒杯中，然后兑入冰镇后的白葡萄酒。

（十五）椰岛风光（Pina Colada）

配方：2盎司淡质朗姆酒（Light Rum），$1\frac{1}{2}$盎司马利布椰子利口酒（Malibu），1盎司柠檬汁（Lemon Juice），3盎司菠萝汁（Pineapple Juice），1盎司三花淡奶（Milk），1/2盎司糖浆（Syrup）

方法：搅和法，在电动搅拌机中加入配方中的材料，淡奶、冰块最后加；选择档位，启动开关，电动搅拌均匀，将雪泥类的混合饮料倒入飓风杯（Hurricane Glass）中，用酒签穿带叶菠萝角，红樱桃作为杯饰。

（十六）青草蜢（Grasshopper）

配方：1/3白色可可利口酒（Creme de Cacao），1/3绿色薄荷酒（Creme de Menthe Green），1/3鲜奶油（Cream）

方法：摇和法，在摇酒壶中加入适量冰块和配方中的材料，大力摇匀后滤入鸡尾酒杯中。

（十七）爱尔兰咖啡（Irish Coffee）

爱尔兰咖啡是风靡世界各个角落的热饮鸡尾酒。

配方：1盎司爱尔兰威士忌（Irish Coffee），1茶匙（tps）糖（Brown Sugar），适量的热咖啡，适量的鲜奶油

方法：将爱尔兰咖啡杯在爱尔兰咖啡炉（Irish Coffee Warmer）上均匀预热，在预热过的爱尔兰咖啡杯中加入爱尔兰威士忌和棕糖，加热并燃焰，随即将热咖啡加至杯的3/4处，用吧匙轻轻搅匀，并在酒液上飘浮适量的鲜奶油，撒少许巧克力粉或豆蔻粉。

（十八）威士忌酸（Whisky Sour）

配方：$1\frac{1}{2}$盎司苏格兰威士忌（Scotch Whisky），2/3盎司柠檬汁（Lemon Juice），1茶匙

(tsp)砂糖

方法:摇和法,滤入高脚酸酒杯中,并饰以橙片和红樱桃。

(十九)宾治(Punch)

宾治酒由于其大量调制的特点,能为许多人在婚礼、聚会或特殊的节日共同享受鸡尾酒等混合饮料带来的欢乐气氛。宾治酒是一种变化多端、内容丰富的鸡尾酒饮品,具有浓、淡、香、甜、冷、热、滋养等诸多特色,宾治盆、宾治杯和宾治勺的相互匹配衬托,新鲜欲滴的各类果类装饰,能彰显宾治酒艺术化风格。宾治酒亦可单杯调制。

园艺象宾治(Planter's Punch)

配方:1 盎司深色朗姆酒(Dark Rum),3 盎司橙汁(Orange Juice),2 盎司菠萝汁(Pineapple Juice),2/3 盎司柠檬汁(Lemon Juice),1/2 盎司红石榴糖浆(Grenadine Syrup),适量雪碧汽水(Sprite)

方法:调和法,若单杯饮用,则将适量的冰块放入高脚宾治杯中,量入橙汁、菠萝汁、柠檬汁、红石榴糖浆,兑入适量的雪碧汽水,用吧匙稍作搅动,然后在混合饮料表面飘浮深色朗姆酒,放一束薄荷叶,并用橙角、红樱桃等装饰。

(二十)无酒精的鸡尾酒(Mocktail)

无酒精的鸡尾酒一般由果汁、糖浆、碳酸类汽水等调制而成,非常受女士和孩子们的喜爱。

1.秀兰·邓波儿(Shirley Temple)

配方:20 毫升红石榴糖浆(Grenadine Syrup),适量的冰镇干姜味汽水(Ginger Ale)

方法:把削成螺旋状的柠檬皮放入高杯中,一头挂在杯沿上,放入适量的冰块,注入石榴糖浆,兑入适量的干姜汽水,可在杯口装饰一枚红樱桃,配以吸管。

2.Pussyfoot(波斯猫爪)

配方:30 毫升柠檬汁(Lemon Juice),30 毫升青柠汁(Lime Juice),80 毫升橙汁(Orange Juice),2 甩(Dash)红石榴糖浆(Grenadine Syrup),1 个鸡蛋黄(Egg Yolk)

方法:摇和法,在摇酒壶中加冰块和配方中的材料,摇匀后滤入高脚鸡尾酒杯中或加有冰块的高杯中,以柠檬片、青柠片、红樱桃装饰,并配吸管。

上述列举的 20 款经典鸡尾酒及其派生或同类酒品的配方、调制方法和特色酒事等,介绍鸡尾酒的起源和发展历程。鸡尾酒作为精致文化的产物,在千变万化中依照着特定的轨道存在和运行,鸡尾酒的创新都能在经典中找到身影,并在经典中发扬光大。

知识链接

国际调酒师组织

调酒师是在 19 世纪后期随着欧美各地酒吧的出现而正式成为一种社会职业的。英国、法国、意大利等国还建立了酒吧员、调酒师等协作和管理的组织。调酒师这一职业已被社会认可并得到了一定的评价。

一、调酒师的概念

Bartender 是对调酒师的统一称谓，起源于 19 世纪末的美国，由 Bar（酒吧）和 Tender（照顾者、服务者）两者组成。除了 Bartender 以外，Barkeeper 和 Barman 也是对调酒师的称谓。

调酒师，是指在酒吧或餐厅等场所，根据传统配方或宾客的要求专职从事配制并销售酒水的人员。一名职业调酒师必须具备丰富广博的酒水知识和娴熟优雅的调酒技能技巧，同时作为一名优秀的调酒师必须兴趣广泛，视野开阔，不断增长人生阅历，培养、激发自身的创新能力和美学修养。酒吧为现代人社交、休闲、娱乐之场所，作为酒吧中坚的调酒师应深知待客之道，必须树立以宾客为中心的服务理念，视每一位宾客为朋友，向每一位宾客提供富含情境的配制饮品和个性化服务，创造理想的酒吧气氛。所以，有人曾把调酒师比作宾客心情的“营养师”。

二、与调酒师相关的职业

（一）调配师

调配师，又称勾兑师，属于酿酒职业范畴。调配是酿酒的最高艺术境界。在酿酒的最后阶段，调配师将来自不同产区的酒液、不同年份的酒液、不同品种的酒液或是不同状态的物质，以一定的成分比例调味、调色，并对酒品的整体风格进行调校，获得一种均衡、协调又具特色的佳酿。调配师是一种高尚的职业，调配师的艺术境界和灵感是中西方酒文化的源泉。

（二）品酒师

品酒师，是专业品评鉴定酒质的行家，通过品评，鉴定出酒品的种类、产地、风格、特质、等级、年份、成分等一系列要素，品酒过程是综合了视觉、嗅觉、味觉甚至触觉的过程。

（三）酒侍者

酒侍者，是高级西餐厅专职向宾客提供饮品咨询，推荐介绍餐酒（葡萄酒）并进行高标准、高规格酒品服务的领班或资深服务员。酒侍者必须具备功底深厚的葡萄酒知识和鉴定技术，需要通晓各类葡萄酒的酿造技术工艺、产地产区、品质等级、陈年酒龄、贮藏方式、品尝饮用和配餐方式等方面的知识，在侍酒的过程中，向宾客提供详尽的餐酒介绍，餐酒与菜肴的搭配，餐酒质量鉴定和餐酒开瓶、斟酒等高质量的服务。

三、国际调酒师组织

从英国调酒师协会的建立到国际调酒师协会的形成，国际调酒师行业组织的机制不断完善健全，推动了全球酒水调制业的协调发展，并卓有成效地培养了众多优秀的调酒师。

（一）英国调酒师协会（United Kingdom Bartender Guide，简称 U.K.B.G）

英国调酒师协会组建于 1933 年，它是世界上最早的调酒师行业组织，直至现在，英国调酒师协会仍然是全球调酒师技能鉴定和培训的权威机构。目前的英国调酒师协会，已发展成为一家分布于全英国的大型机构，同时还设有海外分会。英国调酒师协会，是一家面向致力于餐饮服务业的男女调酒师的非政府性商业机构，董事会下设董事长、副董事长、委员以及来自每一个地区的一名代表。

英国调酒师协会的主要职能和任务是倡导高水平的服务，鼓励并保持一种致力于快速有效地为宾客服务并令宾客满意的员工职业道德标准，从而推动酒吧业的发展。同时，协会还致力于探索并贯彻一种能够加深会员层次和管理层次之间良好地沟通协作关系的方法政策。英国调酒师协会非常注重对调酒师的教育和培训，协会每两年都会组织一次现代调酒师的培训。同时，英国调酒师协会被视为全球范围内收集鸡尾酒和混合饮料配方最多的机构。英国调酒师协会通过建立多种渠道加强会员对葡萄酒和蒸馏酒的全面深刻认识，从而不断提高调酒师的酒品配制和酒品推销技巧，定期组织各级各类鸡尾酒大赛，从而展示世界第一流的调酒水平，加强公众对鸡尾酒文化的认识。

英国调酒师协会以发扬酒吧工作最高水准为宗旨，其会员以高超的技巧、精湛的销售技巧和独创精神而著称，宾客在任何挂有英国调酒师协会小旗的酒吧中，都会享受到快捷、有效并富含情趣的服务。

（二）国际调酒师协会（International Bartender Association，简称 I.B.A）

1951 年 2 月 24 日，英国调酒师协会在英国托尔奎（Torquay）举办调酒大赛之际，向世界各地著名的调酒师发函邀请参加，并倡议成立一个国际性的调酒师组织，以保障调酒师的利益，加强调酒业者的合作交流。当时，来自世界各地的 20 名代表在托尔奎的格林饭店举行会议，一致赞同成立国际调酒师协会（International Bartender Association），并选出英国、法国、意大利、瑞典、瑞士、荷兰、丹麦等七个代表国。会议确立了协会的宗旨，并决定定期召开I.B.A成员国会议，加强成员国之间的协作和联系，共同致力于世界调酒业的发展。

I.B.A 宗旨：

（1）进一步促进和保持协会会员之间的关系；

（2）为了协会的整体利益，确保会员之间可以互相交流信息、观点和想法；

（3）通过鼓励高水准的资格和行为，进一步提高协会会员的贸易利益；

（4）不断为宾客提供出色的服务，并为之提供不同国家的饮酒习惯；

（5）进一步使混合饮料标准化；

（6）为协会确定一家正式的行政管理机构。

1953 年，在威尼斯召开了第二届 I.B.A 会议。1954 年 4 月，在荷兰召开了第三届 I.B.A会议，并在这届会议上决定 I.B.A 年会的制度，即于每年秋天，由各成员国轮流主办 I.B.A 年会。次年，协会在全世界范围内较为迅速并稳固地增加成员了。

四、国际调酒大赛

（一）国际鸡尾酒调酒大赛（International Cocktails Competitions）

国际鸡尾酒调酒大赛，简称 ICC，是国际调酒师协会举办的全球性调酒大赛。首届 ICC 于 1955 年在荷兰首都阿姆斯特丹举行，优胜者是意大利调酒师吉西・奈瑞（Mr・Guiseppe Neri）。自 1976 年起，ICC 每三年举行一次，I.B.A 的成员国都有派调酒师的权利。大赛内容包括餐前鸡尾酒、餐后鸡尾酒和长饮类。

ICC 每一次决赛的承办国均不相同，但首先必须是 I.B.A 的成员国，并具有世界规模的酒厂，所有的选手赛前或赛后会被安排去酒厂参观和学习。

（二）马天尼格林波治调酒大赛（Martini Grand Prix）

马天尼格林波治调酒大赛（Martini Grand Prix）始于1968年，那时这种大赛被称为"The Pensiero Paissa Prize"，由总部设于意大利都灵的马天尼公司创办，暨纪念该公司智囊团一位英年早逝的精英皮尔路吉·培撒（Pierluigi Paissa），他生前为关心培养年轻的调酒师做出了杰出的贡献。1970年，意大利马天尼公司决定为年轻的调酒师提供了解世界并走向世界的机会，与I.B.A意大利调酒师协会也开始了更为密切的协作。马天尼格林波治调酒大奖赛目前一年举行一次，已成为各国年轻调酒师互相交流学习和展示精湛调酒技艺的重要赛事。

马天尼格林波治调酒大奖赛的规格和内容力求遵从I.B.A的宗旨，那就是"向年轻的调酒师提供接受教育和深造的机会"，从而使I.B.A的宗旨成为现实——"同行和朋友组成了这个世界大家庭"。所以，"Martini& Friends"经常会出现在马天尼公司鸡尾酒手册上。

本章小结

现代鸡尾酒起源于19世纪末20世纪初的美国，经过一百多年的发展形成了一种独具艺术化风格并风靡全世界的混合饮料。鸡尾酒调制技术是一项专门化的酒水操作和服务技术，技术化和艺术化相结合。作为一名专职调酒师，必须由浅入深地训练和掌握调酒的方法、规范和鸡尾酒配方，力求规范化、程序化、标准化，在此基础上不断创新。

思考与练习

1.简述现代鸡尾酒的发展历程。

2.鸡尾酒的定义、基本结构是什么？

3.试述鸡尾酒的调制原理、方法、步骤及注意事项。

4.以小组为单位，试创一新款鸡尾酒，列出标准酒谱并调制。

第8章 酒吧概述

☞ **学习重点**

- 熟悉酒吧的种类和经营特点
- 明确酒吧的组织结构和岗位职责
- 了解一些世界著名酒吧,感受丰富多彩的酒吧文化

酒吧一词英文为“Bar”,原意为栅栏或障碍物。相传,早期的酒吧经营者为了防止意外,减少酒吧财产的损失,一般不在店堂内摆放桌椅,而在吧台外设立一横栏:一方面起到阻隔的作用,另一方面可以为骑马而来的饮酒者提供拴马或搁脚的方便,久而久之,人们把“有横栏杆的地方”专指为饮酒的酒吧。“Bar”开始被广泛使用大体是在美国19世纪30年代至50年代。19世纪中叶,随着旅游业、饭店业的兴起和发展,酒吧作为一种特殊的服务也进入饭店业,并在服务中越来越显示其重要性。

从现代酒吧企业经营的角度来看,酒吧的概念应为:直接或间接为宾客提供酒水和饮料,以赢利为目的,有计划经营的餐饮设施和经济实体。酒吧在英文中也称Pub,意指公众聚会的场所,并可独立经营。很多酒吧都以聚和(Rendezvous)命名,其意即此。

第一节　酒吧的种类和经营特点

一、酒吧的种类

(一)站立式酒吧(The Stand-up Bar)

站立式酒吧,是国内外饭店中最常见的酒吧形式之一,又称为美式站立式酒吧、独立封闭式酒吧等。我国《旅游涉外星级饭店的划分与评定》规定:四五星级饭店应具有位置合理、装饰高雅、具有特色的独立封闭式酒吧。站立式酒吧的核心是吧台,其设置形式通常有直线形、马蹄形、环形等。站立式酒吧的吧台一般都配有吧椅或吧凳。这类酒吧的特点是客人直接面对调酒师坐在吧台前,调酒师从准备材料到酒水的调制和服务全过程都在客人的目视下完成。调酒操作具有明显的表演性,因此对调酒师的仪容仪表、操作技能以及与客人的交流沟通技巧等要求都较高。

(二)服务性酒吧(The Service Bar)

服务性酒吧,是附属于中西餐厅的酒吧,以供应佐餐酒和各类佐餐饮料为主。服务性酒吧的酒吧员一般不直接对客服务,其主要工作内容是根据该酒吧的标准配置、库存准备各类酒水饮料,按酒水订单供应。酒吧员在工作过程中,与餐厅服务员的关系较为密切。服务性酒吧构造比较简单,设施设备除了正常的工作台外,必须配置足够空间的冷藏柜、葡萄酒柜和装饰精美的酒水展示区域。服务性酒吧通常是职业调酒师工作的起点,它为调酒师全面熟悉各类酒水饮料提供了一个良好的训练场所。

(三)鸡尾酒廊(The Cocktail Lounge)

鸡尾酒廊,通常是饭店主要的酒水销售场所,它是饭店的主酒吧。酒吧装潢精致、风格各异,其形象往往是一个饭店等级的象征。鸡尾酒廊设施设备高档,环境高雅舒适,有专门的调酒师和服务员提供服务,酒水品种齐全,尤其是鸡尾酒品种繁多。鸡尾酒廊又可分为大堂酒廊(大堂吧)、夜总会酒廊等。

(四)宴会酒吧(The Set-up Bar)

宴会酒吧,又称临时性酒吧,是为各种宴会设立的,其大小由宴会的规模、标准和形式决定。宴会酒吧最大的特点是即时性强,供应的酒水品种随意性大。宴会酒吧常设立于各类大型中西餐宴会、鸡尾酒会、冷餐会、贵宾厅宴会等。

(五)餐娱市场及其他相关场所的酒吧

(1)以酒水饮料服务为主:传统的英美式酒吧/日式酒吧/韩式酒吧;

(2)以茶饮、咖啡为主:中式茶室/英式红茶馆/咖啡店;

(3)以娱乐项目为主:迪吧/演艺吧/爵士吧/棋牌吧;

(4)与餐厅相结合的酒吧:美式主题餐吧/港式茶餐厅/德式啤酒坊;

(5)其他带“吧”字的场所,赋予了全新的含义(DIY):网吧/书吧/聊吧/射击吧/陶吧/布吧/玻璃吧等。

二、酒吧经营的特点

(一)酒吧人流大,销售单位小,销售服务随机性强

酒吧客人流动大,服务频率高,销售往往以杯为单位,一般每份饮料的容量通常低于10盎司。一个销售服务好、推销技巧高的酒吧,不仅销售额高,而且人均消费量增加。因此,服务人员必须树立较好的服务意识,不厌其烦地为客人提供每一次服务。

(二)酒吧规模小,服务要求高

酒吧虽然也是生产部门,但它不像厨房需要较宽敞的工作场地和较多的工作人员,一般每个酒吧配备一至二人即可。但是酒吧的服务和操作要求较高,每一份饮料、每一种鸡尾酒都必须严格按标准配制,不得有半点马虎;而且调酒本身就具有表演功能,因此要求调酒员姿势优美,动作潇洒大方,干净利落,给人以美的享受。

(三)资金回笼快

酒品的销售一般以现金结账,销售好,资金回笼就快。

(四)酒吧销售利润高

酒水的综合毛利率通常高于食品,一般达到60%左右,这对餐饮总体经营影响很大。同时,酒水服务还可以刺激客人的消费,增加餐厅的经济效益。

(五)酒吧对服务人员的素质要求较高

酒吧服务人员必须经过严格训练,掌握较高的服务技巧,并要时刻运用各种推销技能,不失时机地向客人推销酒水,以提高经济效益。服务人员还必须注意言行举止,讲究仪容仪表,保持各种服务设施整洁卫生。

(六)酒吧经营控制难度较大

由于酒水饮料的利润较高,一些管理人员往往又会放松管理,酒吧作弊现象严重,酒水大量流失,酒吧成本提高。酒吧作弊与酒水流失有酒吧外部的原因,如采购伪劣酒品等,也有酒吧内部因素。因此,酒吧管理人员必须经常督促和检查酒吧员工的工作,加强管理,尽

可能杜绝各种漏洞和不必要的损失。还必须经常加强对员工的思想教育,不断提高员工觉悟和主人翁精神,一旦发生问题必须严肃查处。

第二节 酒吧的组织结构和岗位职责

酒吧是饭店餐饮部一个重要的分支部门,在一些中小型饭店,酒吧直接隶属于餐饮部领导;在一些大型饭店,则专门设立酒水部,负责酒水的供给和服务工作。作为一个服务的整体,酒吧工作群体可以分成两个部分:一部分是负责酒水供应及调制的调酒师,另一部分是专门负责对客服务的酒吧服务员。

一、酒吧组织结构

和其他运转部门一样,酒吧实行三级组织结构体系。无论酒吧隶属于餐饮部领导,还是独立成一酒水部,制定合理的组织结构、人员定编是很重要的一项工作,因为完善的组织结构体系可以使每个岗位的员工明确自己所处的位置,了解自己的上司和下属,从而更顺利地开展各项工作。

中小型饭店酒吧组织结构有两种,见图 8-1 和图 8-2。

图 8-1 是一种常见的组织结构,将调酒和服务两部分分开,但都由酒吧主管领导。图 8-2所表示的结构形式通常流行于一些较小的饭店,吧台内外服务工作糅合在一起,这样更便于统一管理。

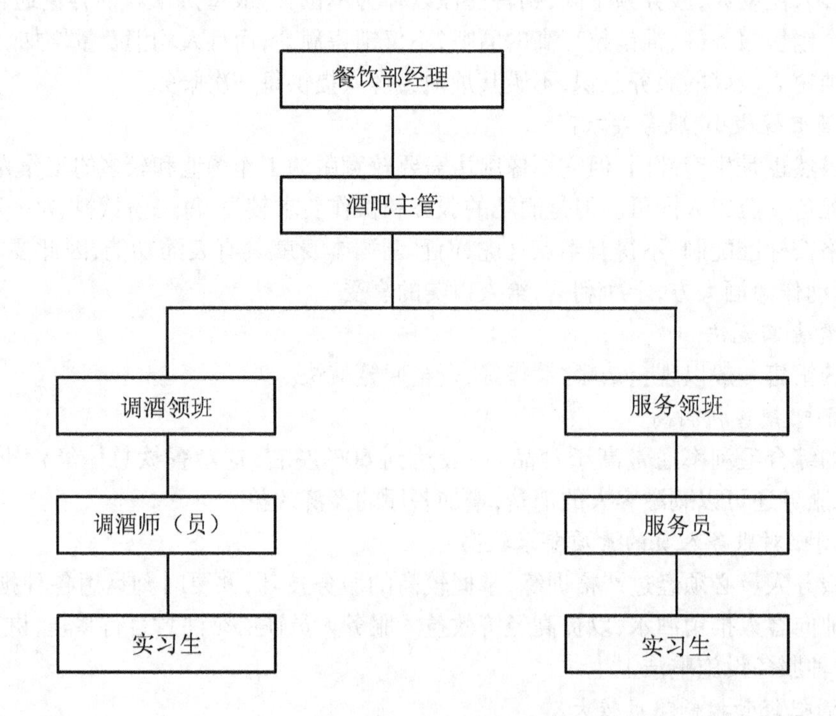

图 8-1 中小型饭店酒吧组织结构(一)

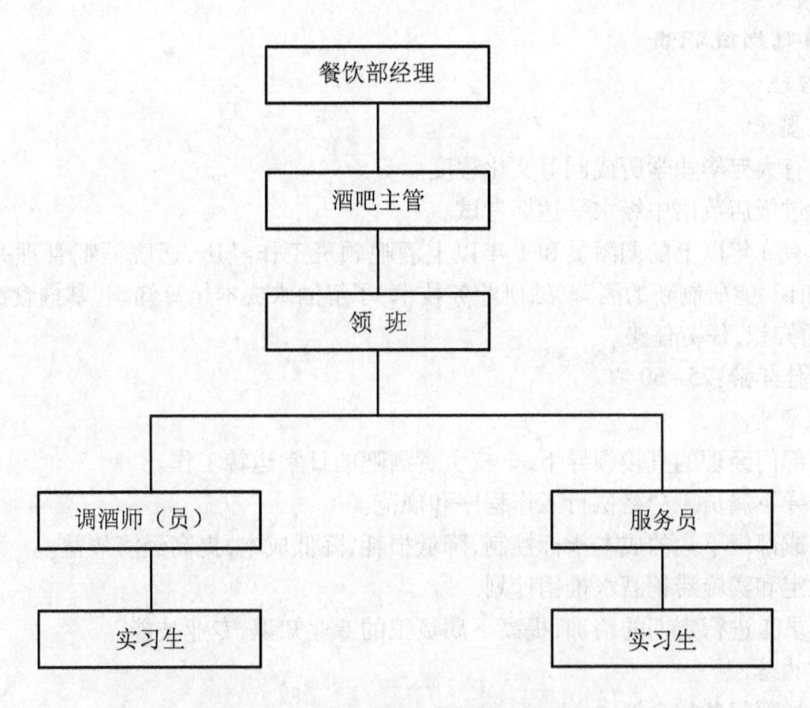

图 8-2　中小型饭店酒吧组织结构(二)

较大型的或合资饭店酒吧的组织结构如图 8-3 所示。图中，在酒水部经理下面设一后勤,主要协助经理处理日常账面工作,如统计各酒吧每天的饮料消耗情况、酒吧人员安排以及酒吧物资进出、设备维修申请等。

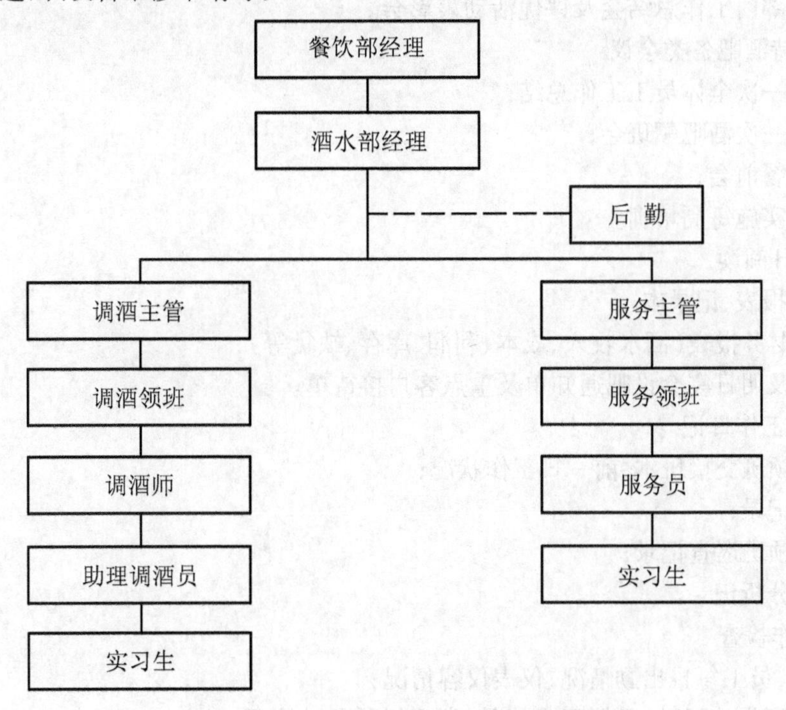

图 8-3　较大型或合资饭店酒吧的组织结构

二、酒吧岗位职责

（一）经理

1.素质要求

（1）具有大专毕业学历或同等文化程度。

（2）通过饭店英语中级水平达标考试。

（3）具有3年以上的调酒员和1年以上酒吧领班工作经历，通晓酒吧管理并略知餐厅管理服务知识，能研制新的酒牌，钻研业务技术，了解酒水成本核算知识，掌握食品卫生法及相关的消防知识，任劳任怨。

（4）最佳年龄：25～50岁。

2.岗位职责

（1）在部门经理的直接领导下，全权负责酒吧的日常运转工作。

（2）督导下属员工严格执行工作程序和规范。

（3）完成部门下达的成本指标控制，降低损耗，降低成本，提高经济效益。

（4）拟定和实施滞销酒水推销计划。

（5）对员工进行定期的培训，提高下属员工的专业知识、专业技能。

3.工作内容

（1）参加部门各类会议

①每周部门工作指令会；

②每月部门成本分析会；

③每月部门餐饮促销会；

④每月部门工作总结会及评优活动表彰会。

（2）主持酒吧各类会议

①每月一次全体员工工作总结；

②每周一次酒吧领班会；

③每日餐前会；

④组织实施每周培训。

（3）每日阅读

①各类报表、记录本

a.每日财务报表（酒水收入、成本、利润、库存、缺货等）；

b.当日及明日宴会设吧通知单及重点客户接待单。

②酒吧工作日记

a.酒吧领班交接班本，前一日工作状况；

b.例会记录；

c.酒吧领班巡查记录；

d.投诉分析记录。

（4）工作检查

①领班、员工每日出勤情况、仪表仪容情况；

②各酒吧设施运转、环境卫生情况，发现问题及时处理；

③各酒吧酒水质量情况，对接近保质期的品种加大推销力度；

④各酒吧的酒水盘存情况；
⑤各餐的餐前准备情况；
⑥调酒员服务标准、服务规范执行情况；
⑦征求客人意见，与客人建立良好业务关系；
⑧每日向餐厅通报售缺品种，并书面呈报部门经理；
⑨检查酒吧各点收尾情况；
⑩每月需上报的书面材料。

(二)酒吧领班

1.素质要求

(1)具有高中毕业学历或同等文化程度。
(2)通过饭店英语初级水平达标考试。
(3)掌握酒吧服务、管理知识，酒水知识，调酒技能和成本核算的基础知识，工作责任心强，能刻苦钻研业务技能，具有3年以上调酒员的工作经历，有较强的管理意识。
(4)最佳年龄:22~45周岁。

2.岗位职责

(1)在酒吧经理的直接领导下，负责酒吧的日常运转，保证酒吧处于良好的工作状态。
(2)协助酒吧经理制定酒单，研制新的鸡尾酒并提出可行性意见。
(3)控制酒水损耗，检查员工盘点情况。
(4)培训下属员工。
(5)督导员工严格工作程序、规范，做好考核记录。
(6)征求客人意见并处理客人投诉，及时向酒吧经理报告。
(7)酒吧经理不在时，代行酒吧的管理。

3.工作内容

(1)检查分点酒吧员工上岗情况。
(2)查阅交接班本及酒吧工作日记。
(3)开出当日各酒吧点酒水领用单。
(4)主持餐前会。
(5)记录员工出勤情况，检查员工仪容仪表。
(6)领酒水货物。
(7)向酒吧经理汇报售缺品种及预订可出售时间，并通知各分点酒吧。
(8)在交接班本上记录本班次所发生的情况和要解决的问题。
(9)安排检查对重点客人的酒吧服务和酒水推销。
(10)对各点进行巡查，做好考核记录。
(11)抽查各酒吧酒水盘点情况，并做记录。
(12)根据客情，有针对性协助分点酒吧工作。
(13)亲自实施员工培训。
(14)检查酒吧各点收尾情况。
(15)钥匙归还至安全部。

(三)调酒员

1.素质要求

(1)具有高中毕业学历或同等文化程度。

(2)通过饭店英语初级水平达标考试。

(3)掌握酒水基本知识和食品卫生法,熟悉酒单范围内混合饮料的调制,工作认真,服务态度好,能刻苦钻研业务技术,具有1年以上酒吧工作经历。

(4)最佳年龄:20~45周岁。

2.岗位职责

(1)保证营业点各类酒水品种的充足。

(2)遇有突发事件,及时汇报当值领班。

(3)做好开餐前的酒水供应的准备工作,确保餐厅正常供应。

(4)参加酒吧日常培训,提高业务技能。

(5)做好交接班工作。

3.工作内容

(1)仪表仪容整齐,参加酒吧餐前会。

(2)领货。

(3)摆放酒水。

(4)打扫卫生。

(5)榨果汁。

(6)刨柠檬片。

(7)洗杯子。

(8)擦杯子。

(9)摆放酒水展台。

(10)换生啤机汽瓶或酒桶。

(11)核对酒水账目。

(12)设宴会、酒会吧台。

(13)根据收款员确认的订单向前台发放饮料。

(14)调制鸡尾酒。

(15)盘点。

(16)倒垃圾。

(17)清点酒吧的用品、用具。

(18)餐后打扫卫生。

(19)去安全部归还钥匙。

(20)参加酒吧各类培训。

(21)写交接班日记。

第三节 世界著名酒吧

酒吧业是世界上最古老的行业之一,它是从古代西方客栈(Inn/Tavern)分离出来的。

随着时间的推移,客栈及其所含的酒吧在欧洲不断发展,特别是19世纪中叶以来,美国酒吧业迅速发展并形成了独特的酒吧文化,并在世界各地迅速传播发展,造就了许多著名的酒吧文化区域和杰出的酒吧。

一、世界著名酒吧

(一)法国巴黎里兹饭店(Ritz Hotel Paris)的酒吧

位于巴黎凡当区的里兹饭店,在1898年正式营业,它的前身是一座建于18世纪的私人住所。由于地点及建筑风格独特,整座饭店糅合了古今特色,其设计比较著名的有私家花园、于1930年完成的正门外墙、面向凡当区的豪华套房等,是游览法国者必到之处。里兹饭店的凡当吧(Vendome Bar)、海明威吧(Hemingway Bar)、罗马式泳池吧(Pool Bar),都是欧洲大陆赫赫有名的酒吧。

(二)英国伦敦萨伏依饭店的美国人酒吧(Savoy Hotel London-American Bar)

始建于1889年的伦敦萨伏依饭店,至今仍保持着平均每一位客人有三个服务人员提供高质量的服务,被视为世界酒店之典范。萨伏依饭店的American Bar始创于1890年,是欧洲大陆最早的美式酒吧之一,干马天尼和阿拉斯加是该酒吧著名的鸡尾酒。1930年,该酒店发行了《萨伏依鸡尾酒全集》,成为鸡尾酒世界的典范。

(三)新加坡莱佛士酒店的长吧(Raffles Hotel Singapore-Long Bar)

莱佛士酒店始创于1886年,其名称与新加坡首任总督萨·托玛斯·斯坦福德·莱佛士爵士有关,原先为总督官邸。莱佛士酒店与巴黎的里兹饭店、伦敦的萨伏依饭店一样闻名遐迩,历史悠久。位于饭店中的长吧则更有特色,世界杰出鸡尾酒新加坡司令(Singapore Sling)就诞生于此。

(四)上海和平饭店的爵士酒吧(Jazz Bar)

上海和平饭店的爵士酒吧是中国内地最著名的酒吧之一,1996年被美国《新闻周刊》世界最著名酒吧。其环境气氛绝无仅有,饱含浓郁的怀旧气氛。黑色粗壮的房梁,十几米长的吧台和40张沙逊八角桌子,其60余年的历史,与酒吧中演奏的六位老爵士乐手的年龄相仿。老饭店、老酒吧、老爵士、老乐手,岁月造就的四位一体,成为绝无仅有的典范。

(五)上海金茂君悦大酒店九重天酒廊(Shanghai Grand Hyatt Jin Mao Tower-Cloud 9)

世界最高酒店上海金茂君悦大酒店(位于金茂大厦的53至87层),从所有客房与设施均可欣赏申城美景。金茂大厦是世界第三高楼。对于每位莅临上海的宾客而言,一定不要错过酒店的最高点——位于87层的世界最高酒吧。登高望远,360度申城美景,一览无遗。在此处聆听音乐、品尝美酒,浪漫温馨,回味无穷。

二、我国著名的酒吧文化区域

作为一种"舶来品"和西方的一种文化生活方式,酒吧在中国的发展也是潮起潮落。自20世纪90年代以来,酒吧业在中国迅猛发展,成为引领餐饮时尚潮流的一个弄潮儿。在一些城市中形成了相对集中的酒吧文化区域。酒吧已不仅有单纯的地理空间含义,而且是西方消费观念全方位进入当代中国日常生活的一个绝妙注脚。

(一)北京三里屯酒吧一条街

三里屯酒吧一条街位于北京朝阳区三里屯北路东侧,全长260米,占地1648平方米,毗邻使馆区。三里屯酒吧街经过不断发展,已成为国内、国际知名度颇高的饮食文化特色街。较为著名的酒吧有男孩女孩酒吧、兰桂坊、乡谣酒吧、地平线酒吧、休息日酒吧等。

(二)上海衡山路酒吧一条街

衡山路始建于1892年,原属法租界。大街两旁不仅有茂密的法国梧桐,而且还有很多20世纪二三十年代建成的各式欧洲别墅,满是异国浪漫的情调。衡山路虽然只有2.3公里,却集中了数十家风格迥异的酒吧,体现了完整的上海夜生活。衡山路上的名店包括:由蒋介石和宋美龄别墅改建成的莎沙英式酒吧、白崇禧旧邸改建成的宝莱娜啤酒坊餐厅等。

(三)香港兰桂坊

兰桂坊位于港岛中环的边缘地带,原先的不毛之地已成为世界餐厅和酒吧密度最高的地区,和苏豪区一样成为追求时尚人士的好去处。该区域食肆林立,荟萃世界美食。入夜,这里的酒吧尤其热闹,周末和节日的夜晚,游人更是彻夜狂欢。

本章小结

酒吧是现代旅游饭店餐饮部重要的组成部分,随着大众文化和休闲文化的盛行,酒吧在餐饮服务和经营中越来越显示其重要性。酒吧服务与管理必须根据酒吧的经营特点和经营目标,确定合理的组织结构,并以此制定各岗位职责,进行人员编制。完善的组织结构体系、明确的岗位职责可以使每个岗位的员工明确自己所处的位置,正确认识发展方向,充分发挥工作的热情。

思考与练习

1.现代旅游饭店酒吧的类型有哪些?各自有哪些经营特点?

2.不同规模类型饭店酒吧的组织结构的差异是什么?

3.酒吧经理、领班、调酒师的岗位职责是什么?

4.分小组对当地饭店或餐娱市场的一个酒吧进行市场调查,针对其经营特色、经营方式、组织结构、环境气氛、餐饮产品结构等方面拟定一份考察报告。

第9章 酒吧服务

学习重点

- 熟练掌握酒吧酒水操作服务的基本技能
- 掌握酒吧服务与运转的基本程序和标准
- 了解鸡尾酒会的组织形式和服务的程序

第一节 酒吧酒水操作基本技能

一、传瓶

传瓶就是把酒水从酒柜或操作台上传到手中的过程。传瓶一般分从左手传到右手或从下方传到上方两种情形。用左手拿瓶颈部传到右手上,用右手拿住瓶的中间部位,或直接用右手从瓶的颈部上提至瓶中间部位。要求动作快、稳。

二、示瓶

在酒吧中,常遇客人点用整瓶的酒。凡客人点用的酒水,在开启之前都应该先让客人过目一下,一来表示对客人的尊重,二来请核实确认,以免出现差错,三是证明酒的可靠性。基本操作方法是:服务员站立于点酒客人(大多数为点酒人,或者是男主人)的右后侧,左手托瓶底,右手扶瓶颈,酒标面向客人,让其辨认。当客人认可后,方可进行下一步的工作。示瓶往往标志着服务工作的开始。

三、冰镇

由于许多酒水的饮用温度大大低于室温,就算我们前期准备工作做得再好,在客人饮用的过程当中,瓶装酒若直接处于室温状态下,酒会随着时间的推移而慢慢升温,以致在客人饮到后几杯酒时,品位风格大不如前。因此,若客人点用需冰镇的整瓶酒时,我们要采取降温的方法使酒品温度适合饮用,以满足宾客需求。

1.冰镇的目的

许多酒的最佳饮用温度要求低于室温。啤酒最佳饮用温度为4℃~7℃,白葡萄酒饮用温度为8℃~12℃,香槟酒和有汽葡萄酒饮用温度为4℃~8℃,因此要对酒品进行冰镇处理。最佳奉客饮用温度是向宾客提供优质服务的一个重要内容。

2.冰镇的方法

冰镇的方法通常有用冰块冰镇和冰箱冷藏冰镇两种。冰块冰镇的方法是:准备好需要冰镇的酒品和冰桶,并用冰桶架架放在餐桌一侧,桶中放入2/3满的冰块,冰块不宜过大或过碎,在冰桶中加入少许冷水,将酒瓶插入冰块中,一般10余分钟后,即可达到冰镇效果。冰箱冷藏冰镇的方法则需要提前将酒品放入冷藏柜内,使其缓慢降至饮用温度。

四、握杯

平底杯应握杯子下部1/3处,切忌手抓杯口;有脚的杯子应握杯脚部分;带柄的杯子应握其柄,不要碰触其他部分。

五、溜杯

将酒杯冷却后用来盛酒。通常有以下几种方法:

(1)冰镇杯:将酒杯放在冰箱内冰镇。

(2)放入挂霜机:将酒杯放在霜机内上霜。

(3)加冰块:有些可加冰块在杯内冰镇。

(4)溜杯:手持杯脚,杯中放入一块冰块,然后摇转杯子,使冰块产生离心力在杯壁上溜滑,以降低杯子的温度。

六、温烫

将酒杯烫热后用来盛热饮。通常有以下几种方法:

(1)火烤:用酒精炉来烤杯,使其变热。

(2)燃烧:将高酒精烈酒放入杯中燃烧,至酒杯发热。

(3)水烫:用热水将杯烫热。

(4)冲泡:把即将饮用的酒用滚沸的饮料冲入,或将酒液注入热饮料中。

七、开瓶

酒瓶的封口常见的有瓶盖和瓶塞两种。开瓶指开启瓶盖或瓶塞,其方法与注意事项如下:

(1)使用正确开瓶器。开瓶器又名开瓶刀,有两大类型:一类是专开瓶塞的酒钻(开塞钻),一类是开瓶盖的扳手。酒钻的螺旋部分要长(有的软木塞长达8~9厘米),头部要尖,切不可带刃,以免划破塞木;酒钻上都有一个起拔杠杆,便于拔起操作。

(2)开瓶时尽量减少瓶体的晃动。一般将瓶放在桌上开启,动作要准确、敏捷、果断。万一软木有断裂危险,可将酒瓶倒置,用内部酒液的压力顶住断塞,然后再旋进酒钻。

(3)开拔声音越轻越好,开任何瓶盖都应如此,其中包括开香槟酒。

(4)拔出来的瓶塞应检查,看看瓶中酒是否是病酒或坏酒,原汁酒的开瓶检查尤为重要。检查的方法主要是辨,以嗅瓶塞插入瓶中的那一部分为主。

(5)开启瓶塞(盖)以后,要用口布仔细擦拭瓶口,将积垢等脏物擦去。擦拭时要避免污垢落入瓶内。

(6)开启的酒瓶酒罐原则上应留在客人的餐桌上,一般放在主要宾客右手一侧。瓶子下面需用衬垫,以防弄脏台布。使用冰桶的冰镇酒品连同冰桶一起放在餐桌上,使用酒篮的陈酒连同篮子一同放在餐桌上。

(7)开启后的封皮、木塞、盖子等物不要直接放在桌子上,一般以小盆盛之,在离开餐桌时一并带走,切不可留在客人面前。

(8)开启带汽或者冷藏的酒罐封口,常会有水汽喷射出来。因此,在当客人或朋友面开拔时,应将开口一方对着自己,以示礼貌。

八、量酒

一般洋酒开瓶后立即用左手拇指和食指夹瓶盖,中指、食指与无名指夹起量杯(根据需要选择量杯大小），右手握酒瓶两臂略微抬起成环抱状，把量杯放在靠近容器的正前上方约一寸处，量杯要放平。然后用右手将酒倒入量杯，倒满后收瓶口，左手同时将酒倒进所用的容器中。用左手顺时针盖盖，然后放下量杯和酒瓶。

九、搅拌

搅拌是制作混合饮料的一种方法。它是用吧勺在调酒杯或饮用杯中搅动冰块，使饮料混合。具体操作要求用左手握杯底，右手按握"毛笔姿势"，使吧勺勺背靠边按顺时针方向快速旋转。搅动时只能听见冰块转动声。搅拌五六圈后，用滤冰器放在调酒杯口，迅速将调好的饮料滤出。

十、摇壶

是使用调酒壶来制作混合饮料的一种方法。具体操作方法有单手、双手两种。

(1)单手握壶：右手食指按住壶盖，用拇指、中指、无名指夹住壶身，手心不与壶体接触。摇壶时尽量使手腕用力。手臂在身体右侧自然上下摆动。要求：力量要大、速度快、节奏快、动作连贯。手腕可使壶按S形、三角形等方向摇动。

(2)双手握壶：左手中指托住壶底，右手拇指按住壶盖处，其余手指自然伸开固定壶身。壶头朝向自己，壶底朝外，并略向上方。摇壶可在身体左、右上方45度角或正前上方。要求两臂略抬起，呈伸曲动作。

十一、滗酒

有些葡萄酒在贮存过程中会产生沉淀，这是正常的现象。为了避免在斟酒过程中出现浑浊现象，在高级的西餐厅中提供贮存年份久远的名贵红葡萄酒时，应为宾客滗酒。滗酒的方法：准备一只滗酒瓶(Decanter)、一支蜡烛后，轻轻倾斜酒瓶，使酒慢慢流入滗酒瓶中，注意动作要轻，不要搅起瓶底的沉淀物。要对着烛光操作，直到酒液全部滗完。然后，手持滗酒瓶，进行斟酒服务。红葡萄酒瓶在服务时还可以装在酒篮中，使瓶保持一定的斜度。斟酒服务时，将酒篮和酒瓶一起上桌。

第二节　酒吧服务程序和标准

一、红葡萄酒、白葡萄酒、香槟酒的服务程序和标准

(一)红葡萄酒服务程序与标准

程序	标准
准备工作	(1)宾客订完酒后，立即去酒吧取酒，不得超过5分钟。 (2)准备好红酒篮，将一块干净的口布铺在红酒篮中。 (3)将取回的葡萄酒放在酒篮中，商标向上。 (4)在宾客的水杯右侧摆放红酒杯。若宾客同时订白葡萄酒，则按水杯、红酒杯、白酒杯的顺序摆放，间距均为1.5厘米。
红葡萄酒的展示	(1)服务员右手拿起装有红酒的酒篮，走到主人座位的右侧。 (2)左手轻托住酒篮的底部，呈45度倾斜，商标向上，请宾客看清酒的商标，并询问宾客："Excuse me, sir/madam. May I serve your red wine, now?"(对不起，先生/夫人/太太，请问我现在可以为您服务红葡萄酒吗？)

（续表）

程　序	标　准
红葡萄酒的开启	(1)将红酒置于酒篮中,左手扶住酒瓶,右手用开酒刀割开铅封,并用一块干净的口布将瓶口擦净。 (2)将酒钻垂直钻入木塞,注意不要旋转酒瓶;待酒钻完全钻入木塞后,轻轻拔出木塞,木塞出瓶时不应有声音。 (3)将木塞放入小酱油碟中,并摆在主人红葡萄酒杯的右侧,间距 1~2 厘米。
红葡萄酒的服务	(1)服务员用右手拿起酒瓶,从主人右侧往杯中倒入 1/5 杯红葡萄酒,请其品评酒质。 (2)主人认可后,按照先宾后主、女士优先的原则,依次为宾客倒酒。倒酒时站在宾客的右侧,倒入杯中 1/2 即可。 (3)每倒完一杯酒要轻轻转动一下酒瓶,避免酒滴在台布上。 (4)倒完酒后,把酒篮放在主人餐具的右侧,注意不能将瓶口对着宾客。
红葡萄酒的添加	(1)随时为宾客添加红葡萄酒。 (2)当整瓶酒将要倒完时,要询问宾客是否再加一瓶。如宾客不再加酒,即观察宾客,待其喝完酒后,立即将空杯撤掉。 (3)如宾客同意再加一瓶,服务程序和标准同上。

（二）白葡萄酒服务程序与标准

程　　序	标　　准
准备工作	(1)宾客订完酒后,立即去酒吧取酒,不得超过 5 分钟。 (2)在冰桶中放入 2/3 桶冰块,再放入 1/2 冰桶的水,然后放在冰桶架上,并配一条叠成 8 厘米宽的条状口布。 (3)取回的白葡萄酒,放入冰桶中,商标向上。 (4)在宾客的水杯右侧摆放白葡萄酒杯,间距 1.5 厘米。
白葡萄酒的展示	(1)将准备好的冰桶架、冰桶、酒、条状口布,放在主人座位的左侧,将一只小酱油碟放在主人餐具的右侧。 (2)左手持口布,右手持葡萄酒,将酒瓶底部放在条状口布的中间部位,再将条状口布两端拉起至酒瓶商标以上部位,并使商标全部露出。 (3)右手持口布包好的酒瓶,用左手四个指尖轻托住酒瓶底部,送至主人面前,请其查看确认,并询问宾客:“Excuse me, sir/madam, May I serve your white wine, now?”(对不起,先生/夫人/太太,请问我现在可以为您服务白葡萄酒吗?)
白葡萄酒的开启	(1)得到宾客允许后,将酒瓶放回冰桶中,左手扶住酒瓶,右手用开酒刀割开铅封,并用一块干净的口布将瓶口擦干净。 (2)将酒钻垂直钻入木塞,注意不要旋转酒瓶;待酒钻完全钻入木塞后,轻轻拔出木塞,木塞出瓶时不应有声音。 (3)将木塞放入小酱油碟中,放在主人白葡萄酒杯的右侧,间距 1~2 厘米。

（续表）

程　序	标　准
白葡萄酒的服务	(1)服务员右手持用条状口布包好的酒瓶，商标朝向宾客，从主人右侧倒入1/5杯的白葡萄酒，请其品评酒质。 (2)得到认可后，按照先宾后主、女士优先的原则，依次为宾客倒酒。倒酒时站在宾客的右侧，倒入杯中3/4即可。 (3)每倒完一杯酒要轻轻旋转一下酒瓶，避免酒滴在台布上。 (4)倒完酒后，把白葡萄酒瓶放回冰桶，商标向上。
白葡萄酒的添加	(1)随时为宾客添加白葡萄酒。 (2)当整瓶酒将要倒完时，询问宾客是否再加一瓶。如宾客不再加酒，即观察宾客，待其喝完酒后，立即将空杯撤掉。 (3)如宾客同意再加一瓶，服务程序和标准同上。

(三)香槟酒服务程序与标准

程　序	标　准
准　备	(1)准备好冰桶。 (2)将酒从酒吧取出，擦拭干净，放入冰桶内冰冻。 (3)将酒连同冰桶和冰桶架一起放到宾客桌旁不影响正常服务的位置。
酒的开启	(1)将香槟酒从冰桶内抽出向主人展示，主人确认后放回冰桶内。 (2)用酒刀将瓶口处的锡纸割开去除。左手握住瓶颈，同时用拇指压住瓶塞；右手将捆扎瓶塞的铁丝拧开、取下。 (3)用干净口布包住瓶塞顶部，左手依旧握住瓶颈，右手握住瓶塞，双手同时反方向转动，右手并缓慢地上提瓶塞，直至瓶内气体将瓶塞完全顶出。 (4)开瓶时动作不宜过猛，以免发出过大的声音而影响宾客。
品酒服务	(1)用口布将瓶口和瓶身上的水迹擦掉，将酒瓶用口布包住。 (2)用右手拇指抠住瓶底，其余四指分开，托住瓶身。 (3)向主人杯中注入1/5杯的酒，交由主人品尝。 (4)主人品完认可后，服务员须询问是否可以立即斟酒。
斟酒服务	(1)斟酒时服务员右手持瓶，从宾客右侧按顺时针方向进行，女士优先，先宾后主。 (2)斟酒量为杯量的3/4。 (3)每次斟酒最好分两次完成，以免杯中泛起泡沫溢出。斟完后须将瓶身顺时针轻转一下，防止瓶口的酒滴落到台面上。 (4)酒的商标须始终朝向宾客。 (5)为所有的宾客斟完酒后，将酒瓶放回冰桶内冰冻。 (6)酒瓶中只剩下一杯酒量时，须及时征求主人意见，是否准备另外一瓶酒。

二、调酒员的工作程序

(一)开吧准备的工作程序

工作项目	工作标准	工 作 程 序
酒吧内清洁	整 洁	—工作台与酒吧台的清洁。 —冰箱、制冰机、冰杯机、生啤机等电器的清洁。 —地面、墙面、工作柜、酒架、货车、酒车、垃圾桶等的清洁。 —杯具的清洁与擦拭。 —各种表格、棉织品齐全。
清点酒水账目 领 货	品种齐全 数量充足	—对每种酒水核实结存数,并做好记录。 —填写领货单领用酒水。
展示酒的摆放	层次分明 归类摆放	—要分类摆放。 —价格最贵的酒放在显要位置。 —不常用的酒放在酒架的高处。
酒吧的布置	材料齐全 用具清洁	—酒杯的摆放,分悬挂与台面摆放两种,啤酒杯、白葡萄酒杯放入冰杯机中。 —将制冰机中的冰块取出放进工作台上的冰块池中。 —将配料李派林汁、辣椒油、胡椒粉、盐、糖、豆蔻粉、鲜牛奶、淡奶、菠萝汁、橙汁、番茄汁以及水果装饰物等放在工作台前面,铁罐配料打开后用玻璃容器(瓷器)存放。
调酒准备	整 洁	—调酒工具整齐排放在工作台上,杯垫、吸管、调酒棒和鸡尾酒酒签也放在工作台前备用。 —吸管、调酒棒和酒签用杯子盛放。
更换棉织品	运行正常	—口布、抹布清洁,无破损。
检查设备	及时、全面	—检查各类电器、家具。 —保持电器运转完好,表面清洁。 —保持家具清洁光亮,无破损。

(二)领用酒水的工作程序

工作项目	工作标准	工 作 程 序
开出酒水领用单	手续完备 字迹清晰	—填写酒水领用单,字迹清晰,日期、酒吧名称、酒水名称、规格及数量准确。 —酒水领用统一由酒吧经理签名及领用人签名。
酒水领回入库	整齐摆放 动作轻	—酒水领回要数量、品名准确。 —酒水搬动要轻拿轻放,确保无破损,以防酒水损坏。 —拆箱后的酒水整齐地排列在冰箱或常温处,并将灰尘擦净。 —放在冰库或常温下的整桶酒水要分开、隔墙,整齐摆放。 —将相对接近保质期的同一种酒水调整至外口,以便首先选用。

（续表）

工作项目	工作标准	工 作 程 序
果汁的领用	卫 生 新 鲜 手续完备	—餐厅酒吧固定每天鲜榨果汁的领用时间,每天领用2次。 —果汁调拨单字迹清晰,注明时间及要货部门和发货部门的名称、果汁名称,数量准确,要货部门人员需在调拨单相应位置签名。 —将果汁调拨单和容器递交水果加工人员,由供应部门在调拨单相应位置签名,要货方留存一份。 —盛放果汁的容器要保持清洁卫生,并贴有果汁的名称。 —根据宾客需要、季节调整供应品种和数量。 —设立专业的水果加工间。 —领用来的果汁要及时放入冰箱待用。

（三）制作鸡尾酒水果装饰物的工作程序

工作项目	工作标准	工 作 程 序
清洗水果	洁 净	—新鲜的水果清洁、卫生。 —瓶（罐）装水果（如樱桃、橄榄等）经清水冲洗。 —清洗后的水果放入盘（杯）中,用保鲜膜覆盖保鲜。
制作水果装饰物及其保存	精心制作 冰箱保存 温度适宜 形状美观	—酒签穿好的水果作为装饰物。 —切成片、角状等的水果作为装饰物。 —相互穿在一起的水果作为装饰物。 —水果装饰物排放在盘（杯）中,并在面上封好保鲜纸,在冰箱中保存。 —隔天的水果装饰物不再使用。

（四）擦拭杯具的工作程序

工作项目	工作标准	工 作 程 序
准备工作	洁 净	—将杯具在洗杯机中清洗、消毒。 —选用清洁和干爽的口布。 —保持摆放杯具的台面清洁,并用口布垫在台表面。 —酒桶放好热水。 —擦拭杯具的人员保持双手清洁。
擦拭杯具	细心操作	—玻璃杯的口部对着热水（不要接触）,直至杯中充满水蒸气,一手用口布的一角包裹住杯具底部,一手将口布另一段拿着塞入杯中擦拭,擦至杯中的水气完全消失,杯子透明锃亮为止。 —擦拭玻璃杯时,双手不要接触杯具,不可太用力,防止扭碎杯具。
杯具的摆放	整齐规范	—轻拿玻璃杯底部,口朝下放置在台面上（或酒杯架）。 —玻璃杯摆放要整齐,分类放置。

（五）酒水供应的工作程序

工作项目	工作标准	工 作 程 序
接受酒水订单	手续齐全	—酒水订单上有时间、服务员姓名、台号、宾客人数以及所需酒水的名称和数量，字迹填写要清晰。 —酒水订单上要有收款员盖章。 —将订单夹起（用订单签穿好）统一摆放在工作台上。
酒水的制作	精心制作 符合规格	—听装饮料直接提供给服务员，饮料不需开启，并配用杯，按饮料的饮用方法在杯中加入冰块、水果片等。 —瓶装饮料开启瓶盖后提供给服务员（葡萄酒、烈酒不需开启），并相应配给用杯、冰块、水果片、冰桶、冰架、水壶、冰夹、搅棒等。 —混合饮料的制作： （1）先把配方所需酒水放在工作台上制作酒水的位置； （2）在工作台上准备好调酒工具、酒杯、配料、装饰品等； （3）调制、出品； （4）所用酒水配料等放回原处，所用调酒工具保持清洁，放回原处。

（六）酒水报损的工作程序

工作项目	工作标准	工 作 程 序
酒水报损时间和报损单的填写	协商一致 手续完备	—与财务酒水成本组统一酒水报损时间。 —通知财务酒水成本组。 —当班调酒员填写酒水报损单，字迹清楚，注明报损时间、酒吧名称和酒水名称、规格和准确数量。 —酒吧经理在酒水报损单备注处注明报损原因。 —由酒吧经理、财务酒水成本组主管以及当班调酒员同时签名。
报损后的酒水处理	与财务部共同进行	—报损酒水全部倒掉，将空瓶（听）送垃圾库。 —在当日酒水盘点表上减掉报损酒水。

（七）宴会设吧的工作程序

工作项目	工作标准	工 作 程 序
设吧前的准备工作	落实到人 品种齐全 数量准确 卫生清洁	—由当班酒吧经理（酒吧领班）签名接受宴会部向酒吧发出的宴会设吧通知单，通知单要注明宴会名称、日期、人数、地点、用餐标准和酒水要求等。 —将通知单贴（夹）在客情栏上。 —决定设吧使用的人员、人数。 —决定设吧的时间。 —提前1天准备好酒水品种、数量，领回后摆放在酒吧。 —吧台放置各类酒水杯，数量充足，按人数的3倍为各类玻璃杯的总和配备。 —在酒会开始前30分钟将杯具放在吧台上。

（续表）

工作项目	工作标准	工　作　程　序
吧台的设置、酒水供应	及时、礼貌 清洁、准确	—吧台要在宴会前30分钟设置完毕。 —吧台上酒水品种、数量齐全,酒水整齐美观,方便工作。 —提供混合饮料时,在宴会开始前30分钟调制好,配上鸡尾酒盛器、用具、装饰物等。 —鸡尾酒会、餐前酒会、自助餐酒会要提前20分钟将各类酒水往酒杯中倒入一部分。 —调酒员各就各位,并自我检查仪表仪容。 —服务员直接在吧台提取饮料,不需订单,保证供应。 —保持吧台清洁、美观,有空瓶(听)、脏杯,立即放入吧台下空杯筐中。
撤吧工作	确认数目 账面清楚 清洁卫生	—将空瓶(听)送往垃圾库,剩余酒水放回酒吧。 —保持吧台及四周清洁卫生。 —宴会结束前将酒水用量抄报餐厅主管(领班),换酒水订单。 —酒水订单交给当班调酒员,核实酒水数。

(八)酒吧之间酒水调拨的工作程序

工作项目	工作标准	工　作　程　序
电话询问 填写调拨单	互通有无 保证供应	—告知自己的姓名、所在酒吧的名称,以及所需酒水名称、规格和数量。 —说明取酒水的时间。 —由要货酒吧填写酒水调拨单,字迹清楚,注明时间以及要货酒吧和发货酒吧的名称,酒水名称、规格、数量准确,要货酒吧调酒员和发货酒吧调酒员签名。 —酒水调拨单一式4份,其中2联由发货酒吧随当日酒水盘点表交财务酒水成本组,另2联由发货酒吧和要货酒吧各留1份保存。
调拨酒水的 发货及盘点	手续齐全	—要货酒吧到发货酒吧领取酒水。 —要货酒吧和发货酒吧清点酒水的名称、规格和数量。 —要货(发货)酒吧在本班次盘点表调进(调出)栏中注明调拨酒水数,并在备注处注明发货(要货)酒吧的名称。

(九)酒水盘点的工作程序

工作项目	工作标准	工　作　程　序
时间、酒水 盘点	及时、准确	—在酒吧酒水供应结束时,进行盘点工作。 —在酒水盘点前,陆续将订单酒水数相加在酒水盘点本上。 —将本班次所领酒水、调拨数、售出数和报损数填入酒水盘点表相应位置上,算出理论结存数。 —将实际酒水结存数逐一清点,填入盘点表中实际盘存一栏。 —在盘点表上注明时间、班次、酒吧名称,并且由当班调酒员签名。

（续表）

工作项目	工作标准	工 作 程 序
盘点后的相关事项		—晚班当班调酒员按酒水常备量及客情情况，算出酒水补充量，写在盘点本中，并将早、晚班酒水盘点表交当班酒吧经理（领班）。

（十）冰库使用的工作程序

工作项目	工作标准	工 作 程 序
温度控制	控制到位	—冰库温度控制在2℃~5℃。 —冰库内设有温度计。 —除拿放酒水外，冰库门保持关闭。
酒水摆放	整齐规范	—酒水品种分开，位置固定。 —酒水整齐，摆放平稳。 —各类酒水便于领用，相对接近保质期的酒水放在外口。 —除葡萄酒外，各类酒水保持整箱。 —酒水保持清洁，无灰尘。
冰库环境及保养	整洁、定期保养	—冰库四周无积水，无酒迹，无灰尘，无污垢，无杂物。 —酒架光亮，无灰尘。 —冰库顶部无灰尘，无杂物。 —每年定期保养一次。

第三节 酒吧服务和运转的基本环节

酒吧服务和运转的工作很多，概括起来有三个环节：开吧前的准备工作、开吧服务销售工作和收吧结束工作。作为调酒员在酒吧内日常工作中这三个基本环节必不可少。

一、开吧前的准备工作

一项工作能否顺利完成，完成的结果如何，其前期的准备工作是必不可少的。酒吧服务工作也是如此，若想在客人到来之后能够提供优质的酒水、尽善尽美的服务，就要在客人到来之前做好各项工作的前期准备。准备工作包括酒吧内清洁卫生工作、酒水的准备、酒吧陈列、调酒前的准备、设备、设施检查等工作。

（一）酒吧工作人员上岗前的准备

良好的心情、健康的身体、端庄的仪表是每个服务员在到岗工作之前所应具备的。这不仅关系到每位服务员的个人形象，还代表着饭店的形象。服务人员的精神状态、整体形象的好坏，会直接影响到客人的情绪。因此，饱满的工作热情，熟练的操作技术，完美的个人形象，对饭店的客人都是十分重要的，所以服务员在上岗前应在仪表、仪容和个人卫生方面做到以下几点：

（1）常理常洗头发，不留怪发型，保持头发干净无异味。女士面部化淡妆，男士每日刮胡须，保持面部干净、自然，不佩戴饰物。

（2）勤剪指甲，不涂指甲油。常洗手，保持手与指甲的干净、卫生。

（3）按规定穿着统一的制服并佩戴胸牌，保持制服的卫生与美观，不另加装饰。

(4)常洗澡,勤换衣。

(5)穿着统一的皮鞋,皮鞋要干净、光亮。

(二)酒吧内的卫生清洁工作

1.酒吧台、工作台、陈列台的清洁

酒吧台通常是由大理石或木质材料制成的,可先用湿毛巾擦拭,再用干布擦干,也可用专用护理剂抛光。工作台一般都是不锈钢制品,可用清水配以清洁剂擦洗,再用干布擦干擦亮即可,也可用专用护理剂进行护理。陈列柜,通常由木质材料、玻璃镜子组成,擦拭时应注意顺序,最后擦镜子,以免做重复工作。玻璃镜子应光洁、明亮。

2.冰箱清洁

由于特殊的工作性质,酒吧的冰箱内每天都存放大量的物品,为保证客人的安全及食品饮料的品质,冰箱应每天清洁。清洁时一般用湿毛巾,要将冰箱内的每个角落及格架都擦到,擦拭冰箱的同时要注意检查冰箱内物品的保质期及品质,并特别注意物品的排放顺序,以免造成原料的浪费,给饭店带来损失。

3.酒瓶及罐装饮料表面的清洁

对瓶酒及罐装饮料可用自来水直接快速冲净,再用干布擦干即可。开封的瓶装酒则可用温湿毛巾将其擦拭干净,同时注意保持商标的干净与完整。

4.酒杯、调酒工具的清洁

将洗净、消毒的各种杯具用清洁的口布擦光、擦亮,保证杯具完整,无指痕、水迹及灰尘,并按顺序分类摆好。各种调酒用具也要消毒并擦拭光亮。

(三)酒水的准备

每天,酒吧工作人员须根据酒单及当前营业状况将每日所需的酒水数量填入酒水申领单,并交由酒吧经理核准签字后到库房领取酒水。领回的酒水应根据酒质及特征分类排放好,需冷藏的应放入冰箱。同时注意其保质期,保质期久的应靠里摆放,遵守“先进先出”的原则,即先领用的酒水先销售,先入冰箱的酒水先销售。然后做好酒水的记录工作,将每日酒水的存货、领用、售出数量如实填写,以备下班时盘存及上级检查。

(四)酒吧陈列

酒吧陈列主要是瓶装酒和各种杯具的陈列,另外,可加一些烘托酒吧气氛的饰物。酒吧的陈列应做到美观大方、专业性强、有吸引力、方便工作等几点。经陈列的酒吧应给人以“酒吧”的感觉,即一眼看过去便知是酒吧。为体现专业性及方便工作,在瓶装酒的陈列上应做到:

(1)分类、分级排放。即威士忌、白兰地、利口酒,类别不同应分开排放;路易十三与普通白兰地等级不同,价格相差悬殊,也应分开排放。名贵的酒亦可单独陈列一处,以便吸引客人的注意力,同时尽量显示其高贵不凡的品质。

(2)酒瓶间要有间隔。合适的间隔可方便调酒时取用,同时也可摆放相应的酒杯和装饰物,以增加气氛满足客人的视觉享受。

(3)调酒常用酒及开过瓶的散卖酒,应放在工作台边伸手可及的地方。较贵且不常用的酒,可摆在陈列柜较高处。

杯具的陈列一般分悬挂与台面摆放两种,用于悬挂的酒杯均为有脚杯,主要起装饰及增加气氛的作用,一般不作为使用杯,以减少麻烦和不必要的损失;用于台面摆设的杯具主要为常用杯具，摆放时要注意分类及方便操作。另外，需冰冻的杯具如啤酒杯、各种鸡尾酒杯可放于冰柜中进行冷冻，以方便出品。

（五）调酒前的准备

1.调酒配料及装饰物的准备

将本酒吧客人常点的鸡尾酒配料、装饰物预先准备好；鲜奶、果汁放入冰箱；辣椒油、胡椒粉、糖、盐摆放在工作台前方便取用的地方；将各种水果装饰物按一定要求切好，整齐地摆在盘子里，用保鲜膜封好，放入冰箱备用；从瓶中取出一定数量的红、绿樱桃用清水冲洗干净放入杯中，用保鲜膜封好放入冰箱备用；将打奶的忌廉用保鲜膜封好放入冰箱备用。

2.将准备好的调酒工具按卫生、方便取用的原则摆放在工作台上

（六）其他物品的准备

其他物品包括各种单据、表格、记录本、交班本、笔等，应足量备用。

（七）设备设施检查

为保障酒吧的正常运转，给客人一个好的环境，营业前的设备设施检查是必要的。要仔细检查空调、音响、灯光、冰箱、制冰机、咖啡机等各类电器设备。酒吧内的所有家具，如有损坏和不符合标准的地方立即填写工程维修单送工程部，以便在客人到来之前完成维修工作。

（八）酒吧环境检查

在做好了上述准备工作之后，应对酒吧内的整体环境做一次全面的检查。如房间内有无异味，有无苍蝇、蚊子，有无忘记做的准备工作。最后的全面检查工作体现了工作人员的责任心及工作仔细程度，它能帮助纠错及完善不足，是前期准备工作不可缺少的一环。

二、开吧服务销售工作

开吧服务工作主要指客人进入酒吧后，调酒员所做的酒水服务及待客工作。

（一）点酒水

当客人直接向调酒员点酒水时，调酒员应耐心倾听，客人点好后应重复一遍，得到客人确认后准备出品酒水，并及时通知酒吧服务员开列订单。

（二）见单出品

酒吧的环境较特殊，与厨房不同，不能完全做到见单出品。如客人坐在吧台前直接向你点酒时，你不能视而不见或告诉客人必须向服务员点。因此调酒员要有良好的记忆力，并及时通知服务员将订单补开。原则上调酒员应在见到收款盖章的订单后方可出品，但若死守规定，延长客人的等待时间会惹恼客人，因此，酒吧调酒员可以在不出错的情况下，先出品后出单。

（三）按标准出品

我们可以这样说，调酒员的所有行为动作几乎尽收客人眼底，因此，调酒员在各方面都应保持完美：

1.姿势、动作

出品或调制酒水时应注意姿势端正，尽量不弯腰或蹲下。面对客人表情轻松，面带微笑，动作应准确、轻松、自然、连贯、潇洒，尽量避免重复动作。

2.良好的习惯

（1）不用手代替餐叉、冰夹。

（2）手握杯具底部或脚、把手，手不能碰杯口。

(3)不在客人面前整理衣服、头发,不揉眼、挖耳、照镜子等。

(4)不随地吐痰。

(5)及时洗手,清洗调酒用具。

(6)不用工作服擦手。

(7)咳嗽、打喷嚏应避开客人及酒水,尽量用手绢掩住口部并立即洗手。

(8)及时将用过的杯具清洗、消毒。

(9)及时擦拭吧台及工作台,保持工作环境的清洁。

(10)废料、垃圾立刻扔进垃圾桶,并避开客人视线。

3.时间与先后顺序

(1)出品应熟练并迅速。一般酒水的出品应在1分钟内完成,简单的混合饮料尽量在2分钟内完成,鸡尾酒包括装饰物较复杂,可适当延长时间,但不超过4分钟。

(2)调酒员应尽量按照客人到来的先后顺序调制酒水及出品,但有时也应照顾到客人的特殊需求及围坐吧台的客人。对于同一桌客人的酒水可按照国际惯例,以女士优先为原则。

(四)礼貌待客、良好服务

酒吧调酒员除要及时、准确地搞好酒水出品外,还应帮助服务员照顾围坐吧台的客人。注意多观察这一部分客人,及时询问他们的需求;在客人主动的情况下,礼貌友好地陪客人聊天;遇到客人点陌生的酒水时,若自己不会,不要装懂,可向客人请教,这样做有三点好处:①满足客人的成就感;②学到更多的知识;③增加酒吧收入。及时帮客人更换烟灰缸,帮客人点烟;及时擦拭吧台表面的水迹;及时为客人添加酒水;及时为客人添加免费佐酒小点;婉言谢绝客人的敬酒;对所有的客人应做到一视同仁;不克扣客人的酒水;若客人有意见应虚心接受,不与客人争执,永远记住"客人是上帝"。

三、收吧结束工作

营业时间已过,客人全部离去,这时酒吧一天的工作已接近尾声,做好了以下的工作便可以下班休息了:

(一)清理酒吧

(1)清洗、消毒用过的杯具。

(2)取下陈列的所有物品放至指定的地方锁好。

(3)将开封的、第二天不能使用的含气饮料全部处理掉。

(4)做好吧台内卫生清洁工作。

(5)将所有盛放物品的柜子(包括冰箱)锁好。

(二)清点酒水

在清理酒吧的同时可以配合清点酒水。在将酒水入库锁好前,先清点数目及瓶装散酒的剩余量,并及时做好填报工作。

(三)填写报表

填写营业日报表、酒吧日记等每日所需填报的单据及记录本,做好核对工作,确保每日工作无差错,为上级检查做好准备工作。

(四)全面检查

为确保安全,做好上述工作后将整个酒吧检查一遍,特别注意有没有燃着的烟头等火灾隐患。

（五）关闭电器开关

关闭除冰箱以外的所有电器开关。

（六）关闭门窗

将门窗锁好，到酒吧经理办公室交各种单据表格、签名后即可下班。

第四节 鸡尾酒会服务

鸡尾酒会（Cocktail Party）又称酒会，是由西方上流社会社交活动中的聚会演变而来的。鸡尾酒会形式简单实用，气氛轻松热烈，感觉自由欢悦，适用于不同的场合，并可以在任何时间举行。鸡尾酒会以供应各种酒水饮料为主，有时也供应简单的小食品，鸡尾酒会的形式一般为站立式，一般不设座，布置临时吧台，并在会场设小型的圆形鸡尾酒桌，在上布置餐巾纸、烟缸等公用品。

一、鸡尾酒会的分类

鸡尾酒会的分类有不同的标准和模式，可按照主题特征、组织形式、收费方式等进行分类。

（一）按主题特征进行分类

（1）主题派对酒会（化装酒会）；

（2）婚礼酒会、招待酒会、答谢酒会、饯行酒会、开幕酒会、庆功酒会等。

（二）按组织形式进行分类

（1）专门酒会：自助餐酒会（Buffet Cocktail Party）和简餐酒会（Snack Cocktail Party）；

（2）宴前酒会。

（三）按收费方式进行分类

1.定时消费酒会

定时消费酒会又称包时酒会，通常客人只需将人数、时间定下后就可以安排了，消费多少则在酒会结束后结算。包时酒会的特点是“时间”，通常有 1 小时、1.5 小时、2 小时几种。时间定下后，客人只能在固定的时间内参加酒会享用酒水，时间一到则不再供应酒水。目前，定时酒会比较流行，它的优点是方便客人掌握时间。

2.计量消费酒会

计量消费酒会是根据酒会中客人所消费的酒水数量进行结算，这种酒会的形式既不受时间的限制，也不限定酒水品种，只根据客人的需求而定。一般有豪华型和普通型两种。普通型的计量消费酒会是由客人提出要求，通常酒水品种只限于流行牌子；而豪华型的酒会可以摆出比较名牌的酒水，供客人选择饮用。在酒会中，酒水实际用量多少，酒会结束后，按酒水消耗量结账。

3.定额消费酒会

定额消费酒会是指客人的消费标准是固定的，酒吧按照客人的人数和消费额来安排酒水的品种和数量。这种形式的酒会经常与自助餐连在一起。酒吧按照客人确认的消费额合理地安排酒水的品种、牌子和数量。这种酒会需经过周密的计算，既要满足客人的需求，又要控制好酒水成本。

4.现付消费酒会

现付消费酒会多适用于表演晚会中,举办者只负责来宾的入场券和表演节目,客人需要什么样的酒水饮料则由自己决定,但最后需自己结账。这种酒会酒吧只需预备一些常规酒水饮料,因为客人参加酒会的目的主要是观看演出,而不是享用酒水。这种酒会经常用于在饭店举行的时装秀、演唱会、舞会等。

此外,还有到客人的住地或客人指定的地点举办的外卖酒会。外卖酒会不同于在饭店举办的酒会,需要相关部门的紧密配合,根据客人的要求准备充足的酒水饮料、杯具、服务用具用品等。

二、鸡尾酒会服务的程序

(一)准备工作

(1)人员安排:根据酒会形式、规模和人数,安排适当人手。

(2)准备酒水:可按每人每小时准备3.5杯饮料计算。

(3)预备酒杯:可按酒会人数的3.5倍准备各类杯具。

(4)酒吧设置:酒吧在酒会开始前30分钟设置完毕。

(5)调果汁和什锦水果宾治,一般可按每人2杯计算调制数量。

(6)提前将饮料入杯,大型酒会提前20分钟,中型酒会提前10分钟。

(7)人员就位:提前20分钟各岗位人员各就各位。

(二)服务工作

(1)酒会开始,及时将饮料送到客人手中。

(2)放置第二轮酒杯,酒会开始高峰过后放置第二轮酒杯。

(3)倒第二轮酒水,酒杯放置完后即可斟上酒水。

(4)补充酒杯,根据酒会需要补充足够数量的杯具。

(5)补充酒水,在酒会进行过程中随时根据需要补充酒水。

(6)处理特殊事件。

(7)清点酒水用量,在酒会结束前10分钟清点酒会用酒数量,交收款员结账。

(三)结束工作

(1)填写酒水销售报表。

(2)收吧工作。

(3)完成酒会销售表。

本章小结

酒水操作是整个酒吧服务中最重要的一个环节。在酒吧里大部分的服务操作都在客人面前进行,服务人员的基本技能是否娴熟,有没有良好的卫生习惯,以及对酒水知识的掌握和熟练程度都展现在客人面前。因此,凡从事酒水服务的工作人员都必须重视自己的操作技能,以求动作正确、迅速、简洁和优美。操作技能的优劣,常常会给客人留下极佳或不良的印象,同时间接影响着客人的饮酒情绪。因此,一位动作娴熟、技术高超、体贴入微、学识广博的调酒师往往会吸引很多客人。酒水操作应力求技术性和艺术性相结合。

酒吧服务和运转的环节概括起来有三个，即开吧前的准备工作、开吧服务销售工作和收吧结束工作。酒吧服务工作独立性较强，向客人提供规范化、程序化、标准化的酒水服务是优质高质服务的前提。在酒水服务过程中应时时注重诸多的细节服务，体现对客人的关注。

思考与练习

1.酒吧酒水操作的基本技能有哪些？

2.酒吧服务和运转有哪三个基本环节？请说明各自的服务要点。

3.鸡尾酒会按收费方法可分为哪几类？请说明其各自的特点。

4.说明鸡尾酒会服务的程序。

第10章 酒吧管理

☞ 学习重点

- 了解酒水流程管理的基本内容和要求
- 掌握酒吧标准化管理的内容
- 掌握酒水销售方式及相应的控制方法

酒吧是饭店酒水饮料的销售场所，在餐饮业越来越受到重视的今天，酒吧管理也越发显得重要，因为酒水的销售不但可以使客人消费增加，提高饭店的经济效益，而且，美酒配佳肴也是提高饭店声誉、吸引更多客人的措施之一。由于酒水销售的成本较低，利润较高，酒水的控制和管理工作有一定的难度。从酒水的采购到验收、贮藏，甚至配制销售，每个环节都会出现漏洞，使成本增加，从而不能很好地保证饭店应有的经济效益。

第一节 酒水流程管理

饭店酒水成本的控制不仅仅是酒吧管理人员的职责，酒水从采购到服务，整个流通过程中所有的工作人员都有责任和义务确保其成本的降低。酒水流通过程包括以下主要环节，即酒水的采购、验收、贮藏、发放，酒水的配制和酒水的销售服务等。在这些环节中，每进行一步都必须采取严格的管理措施，杜绝任何不利于成本控制的现象发生。

一、酒水的采购

酒水的控制是从采购开始的。采购过程中，如果不注意加强管理和进行有效的控制，任何成本控制方法都无法挽回由此而产生的巨大损失。

行之有效的采购工作应该是“购买的东西能最大限度地生产出经营方针所需要的各种食品或饮料，而且节约成本，节约生产时间”。由此，采购人员必须具备较高的素质。

作为一名合格的酒水采购人员，必须具有丰富的餐饮业经营经验，掌握各种酒品知识，具有较强的市场采购技巧，了解市场行情，能制定各种采购规格等。

（一）采购计划

采购计划的制订十分重要，它不但关系到酒吧的经营，还影响到酒吧采购资金的使用。

1.影响采购计划制订的因素

制订采购计划需要考虑的因素很多，主要有以下几个方面：

（1）可以用于采购的资金数目。

（2）采购花费是否会阻碍资金的流动。

（3）采购的新品种能否被客人接受。

（4）调酒员、酒水服务人员能否很快地熟悉并使用这些新产品，等等。

2.酒吧采购内容

酒吧需要采购的内容包括：

(1)酒吧冷冻冷藏设备、调酒用具。

(2)各类进口、国产酒水、饮料。

(3)酒吧调酒配料、调料。

(4)制作果盆和装饰物的各类水果。

(5)酒吧日常用品和消耗品。

(6)酒吧供应的小食品等。

其中，各类进口、国产酒水、饮料是需要根据经营状况经常采购补充的。

3.酒水采购的基本要求

(1)保证酒吧经营所需的各种酒水及配料的适当存货。

(2)保证各种饮料酒水的质量符合要求。

(3)确保按合理的价格和渠道进货。

(二)采购方法

1.采购方法

一般酒水的申购工作是由酒水仓库保管员根据库房的酒水贮存情况，开出酒水、饮料申购单，由采购部酒水采购员根据酒水采购规格外出采购。

对新增加或需特殊采购的酒水品种，由酒吧主管或经理开出采购申请单，报批后由采购员执行采购。

2.采购要求

采购的方法多种多样，并非千篇一律，这主要取决于采购人员的水平。好的采购方法包括以下几个基本要求：

(1)用书面形式制定出合理的采购方案和采购制度，经批准后执行；

(2)制定一套采购规格。

采购规格是采购工作中应该遵循的准则，既可以有效地控制采购成本，又可以保证采购质量。采购规格见表10-1。

表10-1 酒水采购规格表

酒水种类：

编号	酒品名称	供货单位	规 格	采购价格	备 注

3.采购数量控制

决定采购数量和最大库存数量，对于一个管理人员来说至关重要。采购酒水的种类太多，不一定每种牌子的销路都很好，这样就会使货物大量积压，从而使资金滞积，影响其周转。酒类存货是有一定数量限制的,最好在库时间不超过一个月,即库存酒水的资产账目,其价值与一个月使用的酒水价值相等。

另外,采购数量还应考虑酒水饮料的保质期和库房的容量,新鲜的果汁饮料宜采用少进勤进的办法,库房容量小的饭店不宜将某一两个品种的酒水数量进得太多。

饭店要经常选择一些中档牌子的酒,即价格既不昂贵也不低贱的酒,作为饭店"特备酒品"(House Pouring)。在决定选择这些特备酒品时,首要因素是酒品的质量和价格。

二、酒水的验收

把好酒水饮料的验收关是酒水管理和控制工作中的重要一环。

酒水饮料的验收工作一般由饭店收货员根据定货单负责。为了严格把关,酒水的验收工作必须遵循以下一些原则:

第一,质量和数量验收。所有进货酒品必须根据酒商提供的发货单逐一如实验收,确保没有任何短缺。包装箱要拆箱检查,若发现包装箱有潮湿的痕迹或已经潮湿的,一定要开箱仔细验收,防止酒瓶破碎造成的损失。严格检查酒品的名称、商标、容量,甚至产地,因为这样可以防止假冒酒品混入饭店,造成不必要的损失。同时,也可使饭店的声誉不受损害。第二,产品验收完毕,应立即将它们运送到安全贮藏地域,因为这些酒品在不安全的验收场地时间越长,被窃的机会就越大。

第三,酒品验收完后,收货员必须填写收货单,一式两份;并将正本附在签过字的发票上,送交总经理或指定的负责人签字后交财务部门办理付款手续。

第四,酒品验收入库后,保管人员还应造册登记,建立酒品档案,填制存货清单。在有些饭店,酒品保管人员使用双面记录卡,上面记载酒类的收进与发出以及存货积余数量,翻开记录卡,对库存状况便可以一目了然;同时,这些资料还可以作为申请进货的主要依据。表10-2为酒品登记卡样本。

第五,酒水饮料的采购和验收工作必须分工负责。虽然如此,管理人员还必须严格防范他们之间有相互串通作弊的可能。

表10-2 酒品登记卡

酒品名称________分类________编号________

日 期	进货数量	发货数量	签 名

三、酒水的贮藏

酒品的价值较高,因此,酒品的贮藏管理不能仅仅局限于防止数量的损耗上,还应根据各种酒类的特性分别妥善贮藏,以减少酒品变质而造成浪费,以致成本提高。

(一)酒水贮藏的要求

(1)酒品必须贮藏在凉爽干燥的地方。酒水库干燥,保持良好的通风,可以防止酒瓶塞霉变,酒标脱落等,保持酒品良好的外观形象和应有的品质。

(2)应避免阳光或其他强烈光线的直接照射。阳光和强烈的照明容易使酒的氧化过程加剧,造成酒味寡淡,酒液混浊、变色等,特别是酿造酒。

(3)避免震荡,以防止丧失酒品原味。

(4)应与有特殊气味的物品分开贮藏,以免串味,最好与食品分开贮藏。

(5)保持一定的贮藏温度和湿度。

名类酒品因特性不同,它们对贮藏的温度及摆放位置等的要求也不一样,因此,酒品的贮存必须严格按要求分别处理。如啤酒,它的最佳贮藏时间不能超过三个月,最佳贮藏温度是6℃~10℃,超过16℃将会导致啤酒变质;而红葡萄酒则需横躺着存放在酒架上,贮藏湿度适中,既要防止瓶塞干缩使酒走味,又要防止瓶塞及酒标霉变使葡萄酒变质、变味;白葡萄酒要求低温贮藏,这就必须经常检查冷藏柜底部有无积水,因为积水会导致酒标发霉,有碍酒品外表的观瞻,严重的还会影响酒的销路,造成不必要的损失。

(二)酒水贮藏安全管理

饭店的饮料贮藏中心,又称酒窖或酒库,是一个饭店存放饮料的主要区域。为了确保酒水存放的安全,减少不必要的损失,酒库的钥匙必须由专人保管,他对贮藏室内所有的物品均负有完全责任,其他任何人员未经许可不得随便进出酒库。

此外,许多酒吧都有吧内小贮藏室,用来贮藏部分酒品,因此在非营业时间必须锁好,否则,闲杂人员将会很容易接近并偷走这些饮品。一般来说,酒吧贮藏室或其他非饮料贮藏中心的饮料贮藏数量应处于最低限度,因为这些地区的安全措施不很严,容易出现较大的漏洞。解决这一问题的关键是建立、健全"酒吧贮存标准"制度,即确定酒吧必须拥有的标准酒品数量。

从严格管理的角度来说,所有的含酒精饮料都应该保持一个固定的贮藏水准,餐饮主管部门应当备有一份常年使用的存货清单,每个月底会同酒水库管理人员进库清点存货,进行盘点核实,售出的物品与计算出的价格也必须一致,并符合实际的账目要求。饮料账目的严格检查对于有效的控制和管理至关重要。

四、酒水的发放

酒水发放的目的是为了补充营业酒吧的衡量贮藏,保证酒吧的正常营业和运转。根据我国和国外一些大饭店的经验,酒水饮料发放工作一般在上午9~10时或下午2~4时进行,因为这段时间里酒吧生意清淡,可以集中调酒人员前往酒水库领货,酒水库也可以在这段时间内集中发放。如果申请领货计划正确,一般都能保证一天的正常营业。

酒品的发放必须以酒吧填写的申请单为依据,申请单(见表10-3)一式三份,由各酒吧分别填写,酒吧经理或主管签字后方可生效。通常含酒精的烈性酒品是以瓶为单位发放的,软饮料的发放则以打或箱为单位。

酒水库根据申请单上的项目逐一核实发放,并由发放人员签字。发完货后,三联单正本交财务部,第二联留存酒水库,第三联交酒吧保管。这样,餐饮管理人员每个月都可以根据申请单正本与酒水库管理人员和酒吧进行核对,防止有人利用申请单做假账或从中做手脚。

表 10-3 酒水领货单

酒吧＿＿＿＿＿＿＿＿＿ 日期＿＿＿＿＿＿＿＿＿

编号	品种	单位	领用数量	发放数量	单价	金额	备注

填表人＿＿＿＿＿＿＿ 部门主管＿＿＿＿＿＿＿

领货人＿＿＿＿＿＿＿ 发货人＿＿＿＿＿＿＿

为了便于管理和控制，在发放的每瓶酒品（主要指烈酒）上都应该贴上本饭店特制的"瓶贴"标签，或打上印记。贴印这种标签有很多好处：

(1)用于鉴别该酒是由饭店贮藏中心或酒水库发出，有利控制和减少调酒员私自带酒进酒吧销售的机会。

(2)能正确表明发放日期。如果某一销量很好的品种在酒吧滞留时间很长，管理人员可以据此进行检查，及时发现问题，堵住漏洞。

(3)如果饭店有几个酒吧，并且独立核算成本时，贴印上标记还可以区别发往哪一个酒吧，减少货品发放的混乱。

(4)酒吧领取烈性酒时需要以空瓶换满瓶，领货时库房管理员可以再次核对确认，避免舞弊现象，从而减少饭店损失。

第二节 酒吧标准化管理

酒水酒吧的控制与管理，贯穿于酒水流程与服务的整个过程之中。在酒吧的运转与服务过程中，酒吧实施标准化管理，可以有效地控制酒水酒吧的成本，提高饭店经济效益。

酒吧标准化管理的内容较多，主要包括以下几个部分：

一、度量标准化

所谓度量标准化就是说在酒水特别是烈性酒的销售过程中，严格按照度量标准，使用标准量杯进行销售。目前，我国旅游饭店的酒吧除极少数外，大都采用国际通用的标准量具量酒销售，即使用盎司杯，每份烈酒 1 盎司（约 30 毫升），其售价也是按 1 盎司制定。

酒吧常见的盎司杯有两种，一种是 1 盎司的单用量杯，一种是 1 盎司和 1.5 盎司的多用途组合量杯。

度量标准化要求酒吧工作人员严格执行标准度量制度，在销售过程中认真使用量杯，既不可多给，也不能随意克扣客人的饮料。管理人员应严格把关，及时制止随手斟酒的错误做法，因为从严格管理角度来说，酒吧内的酒水每 1 毫升都是金钱，多给客人 1 毫升，饭店就会损失 1 毫升酒水的收入；同样，少给客人饮料也会造成客人投诉，从而影响饭店信誉，影响酒吧的客源。酒吧工作人员应不厌其烦,坚持在酒吧运转过程中使用量杯,这样既可以保证售酒的质量,减少损失,又可以使客人满意,可谓两全其美。

另外,度量标准化也是成本控制的一个关键问题,因为用于配制饮料、调制鸡尾酒的酒基(烈酒为主)成本都较高,售价也较贵,销售时损失过多不利于成本控制。因此,度量标准化是我们服务人员和管理人员都应引起重视的大问题。

二、酒单标准化

酒单如同菜单一样,是一个酒吧对外推销和宣传的最佳工具,因此酒单的设计不但要有与酒吧风格相一致的特色,而且还必须注意设计的标准化。酒单设计的标准化要有以下几点内容:

1.酒单内容完整,文字简洁明了

一份标准酒单应考虑到内容的完整性。确定酒单内容时,首先需结合当地客源市场的消费情况、市场供应情况以及饭店本身的采购与贮存情况来确定酒水样品,酒单上定的内容酒吧必须保证供给,供应不正常的品种一般不应列入酒单,否则便会降低其使用价值和可信性。鸡尾酒酒吧的酒单还必须增加国际流行鸡尾酒和饭店特备鸡尾酒品种。其次要考虑酒水品种的数量。在酒单上列出多少种酒水最合适这个问题到目前为止还没有统一的规定,但确定酒水数量必须以市场供应和客源市场消费特点为主要依据。最后是考虑各类酒品的比例。也就是说,一份酒单上应列出多少种红葡萄酒、多少种白葡萄酒以及香槟、白兰地、威士忌等都要有一个明确的规定。

2.标准化酒单定价必须公道合理

酒水售价是根据利润、成本等因素由各饭店财务部与餐饮部等共同决定的,制定价格时必须遵循公道合理的原则。

3.标准化酒单必须印刷清晰,整洁漂亮

酒单是酒吧极好的宣传用具,是酒吧的一面镜子。酒单的印刷必须清晰明了,封面图案、色彩美观大方,同时还应与酒吧的色彩和格调相一致。固然,印刷很重要,但平时的保管也应重视,因为如果在服务过程中不注意爱护酒单使之染上了酒渍、水渍甚至油污等,就会使酒单失去应有的光泽和风采,特别容易损坏。此外,酒单也必须随市场的变化定期更换,出现破损和残缺不全的酒单都不可再行使用。酒单上内容若暂时缺售,切不可随意用笔划去或贴上封条,甚至开天窗,应时刻注意保证酒单的完整性和完美性。酒的售价必须与内容一起印在酒单上,而不应随便留出空白或用笔添加和更改。

4.标准酒单设计要有特色

每个酒吧的酒单应根据自己酒吧的色彩、布局、环境及经营特色进行设计,不可随波逐流,应有自己的特色。新加坡皇族假日酒店西餐厅的酒单就很有特色,它每一页上都贴上一张主要葡萄酒的酒标,使顾客一目了然,同时还根据餐厅的布置特色,在酒单开页的三面雕刻出不规则但很整齐的缺口花纹,使酒单持重大方,毫无矫饰之感,而且内容、设计十分新颖别致,极有吸引力。

三、价格标准化

酒吧价格标准化包括两个方面:一是酒水定价标准公道,二是售价一视同仁。这里要强调的是后一种情况,即酒吧在销售过程中,酒水价格必须公道,要一视同仁,酒吧调酒员、服务人员切不可随意提高或降低饮料售价,更要杜绝向朋友或熟人提供免费饮料的现象。

在销售过程中,凡是因质量等问题被客人退回的饮料、自然破碎需报损的饮料等都必须填写报损单,经管理人员检查签字后报财务部成本组销账,以免让觉悟不高的调酒员、服务员有可乘之机。任何酒吧执行优惠价政策时,都必须由管理人员决定,其他服务人员一律无权决定。表10-4为常用的酒水报损单。酒水报损单一式三联,由酒吧领班或调酒员填写,部门经理签字,报财务部。第一联(白色)由酒吧留存,第二联(红色)送酒水仓库,第三联(黄色)留存财务部。

表10-4 酒水报损单

部门________ 日期________

项目	数量	单价	金额	报损原因

制表人________ 部门经理________ 财务部________

酒水价格公道合理是信誉和客源的保障。在制定酒水价格时,首先必须考虑酒水的净成本,即通常所说的进价,然后制定出相应的毛利率或成本率。目前,国内饭店在制定酒水毛利率时,一般是计算酒水的经营毛利,其中不包含员工工资、装修、损耗等费用。例如,一瓶人头马VSOP白兰地,进价为165元/瓶,假设核定成本率为30%,用165元除以30%,该酒每瓶售价即为550元。酒水毛利率,是由饭店财务部根据本饭店的等级和客源对象等诸多因素统一制定并监督实施的,一般不得随便变动;但如果遇到酒水进价普遍调整时,饭店的酒水价格也应作相应调整。酒吧的毛利率没有统一的标准,各饭店都不相同。

制定酒水价格必须考虑的因素很多,主要有以下几方面:

(1)饭店的标准。不同星级标准的饭店在制定酒水、食品等的价格时标准和要求也不一样。

(2)饭店的客源市场。客源市场是制定酒水价格的重要因素之一。因为不同的客人消费水准不一样,例如,以接待商务客人为主的饭店,其酒水定价就可以适当高于以接待团队为主的饭店;如果是内外宾同时接待的饭店,酒水定价时必须同时兼顾到两种客人的经济承受能力。

(3)饭店的地理位置。饭店的地理位置对于饭店的经营有非常密切的联系,制定酒水价格时也必须考虑到饭店地理位置的影响,例如,地处偏僻地带的饭店其酒水价格就可以适当低于地理位置较好的饭店。

(4)酒水价格必须保持相对的稳定性。制定酒水价格必须充分考虑各方面的因素,尤其是对市场要有一定的预见性,从而制定出相对稳定的价格。切忌经常变动酒水价格,因为客人,尤其是常客,对酒水价格的变化相当敏感,同一酒品的价格经常变动,会给消费者带来心理上的不稳定性。

(5)酒水价格必须有一定的灵活性。酒水价格的灵活性与酒水价格的稳定性并不冲突,主要是考虑到各种推销活动的需要,如淡旺季的价格变化,特殊推销活动的优惠价格政策等。

四、配方标准化

一份好的鸡尾酒应该是色、香、味、形俱佳的艺术酒品。作为一名好的调酒员,无论什么时候,他所调出的同一种鸡尾酒其色彩和口味必须一样。要达到这一要求,除了有过硬的调酒技术外,还必须严格遵循标准配方进行调配。每个酒吧必须建立一份标准配方簿,其内容应包括鸡尾酒名称、主配料名称、数量、成本价、调制方法、杯具、装饰物及其售价。将一些常见鸡尾酒的配方抄入配方簿。建立标准配方簿并不是说要调酒员每份鸡尾酒都照着酒谱调制,而是让他们经常看看,加强标准化管理意识,同时,还可以用作培训教材,甚至还可以在他们出现暂时遗忘现象时助一臂之力。另外,标准配方也是控制酒水成本的极好保障,因为酒谱上的成本标价会时时刻刻提醒调酒员严格认真地按配方配酒,从而有效地控制成本,取得理想的经济效益。表 10-5 为常用标准酒谱样本。

表 10-5 标准酒谱

编号:

名称______ 类别______ 载杯______ 成本______ 售价______ 毛利率______						照 片
调制方法						
用料名称	单 位	数 量	单 价	金 额	备 注	调制步骤
合 计						

五、杯具标准化

正确使用杯具不但能保证高水准服务,而且对有效控制酒水成本有很大益处。

杯具标准化,首先表现在正确使用杯具。酒吧使用的杯具种类很多,但不同的酒必须配与之相应的酒杯,特别是鸡尾酒,更要有恰当的杯具相配。试想一下,一份 3 盎司的鸡尾酒装在 9 盎司的高杯中,不但不能使其色香味形和谐统一,而且还会使客人有一种受骗感。

其次应使用无破损杯具为客人提供服务。酒吧的玻璃杯具属于易碎物品,有些杯具在清洗、运输过程中由于工作人员的粗心大意造成缺口、糙边,甚至杯脚破裂等现象,这些缺口很容易划破客人的嘴唇和手指,因此,在选择杯具对客服务时首先必须检查杯具有无破损,凡有破损的杯具一律不能使用,以免发生意外。

最后必须使用干净杯具。特别是啤酒杯,不干净的酒杯会使啤酒口味干淡,失去其原有风味。因此,杯具的洗涤应严格认真地使用洗涤剂清洗、擦干,对客人服务前应全部擦干、擦净,保证所有杯具光亮透明,一尘不染。

此外,加强杯具管理也是酒吧管理中的一个重要问题。杯具是酒吧的主要财产之一,酒吧工作人员在对客服务时,一方面要提供清洁光亮、完好无缺的杯具,另一方面还应认真细致地管理保护好杯具。在某合资饭店,一位酒吧调酒员因急需柠檬汁,便用酒杯从另一酒吧倒来一杯,调完酒后却连汁带杯一起扔到垃圾桶里,一只完好无缺的杯子就此报废,而且管理人员还一点不知道。这就要求管理人员不但要严格地把好报损关,还应定期检查酒吧财产数量和质量,控制好杯具的自然损耗率,及时发现问题、解决问题,杜绝各种不利于成本控制的现象发生。

第三节　酒水成本控制与推销

一、酒水成本控制

酒吧酒水的成本控制贯穿于酒水管理的整个流程之中,但在酒吧经营过程中,酒水的成本控制尤为重要。一般财务部对酒水销售的控制方法有以下几种:

(1)标准成本控制。标准成本控制方法,是将酒吧某个时期内的标准成本数与实际成本相比较。

(2)标准营业收入控制。标准营业收入的控制方法,是将根据库存烈性酒耗用数计算出来的标准营业收入数与实际营业收入数相比较。

(3)酒水还原控制法。酒水还原控制法,是从数量上对酒水成本进行控制。

在酒吧的日常运转过程中,对酒水的管理一般采用酒水还原控制法进行控制。酒吧的酒水控制通常通过三种销售方式进行,即零杯销售、整瓶销售和混合销售。

(一)零杯销售

零杯销售,主要指各种烈性酒如白兰地、威士忌、金酒等的销售。这类酒的用量不大,除宴会外基本上都是零杯销售。

零杯销售的控制,首先必须确定每瓶酒的销售份数,然后统计出某一段时间总销售数,折合成整瓶数进行计算。每一种酒由于容量不同,所能销售的份数也不一样。此外,每个饭店零售酒水的标准分量也有区别。以人头马 VSOP 为例,每瓶酒实际容量为 700 毫升,每份按 1 盎司(约 30 毫升)标准分量计算,每瓶人头马白兰地的实际销售份数为:

(每瓶容量-溢损数)÷每份分量=(700-30)÷30=22.3(份)

计算公式中的溢损数是指服务员在斟酒过程中可能会因个人技术等原因,适当损耗一部分酒水,这是允许的。因此,一瓶人头马 VSOP 实际可以销售 22 份。同样,如果某一时期销售该酒 22 份,就可以还原成一瓶计价。核算时可以根据每份酒的成本以及整瓶酒的成本与实际销售成本相比较,如果实际成本偏高或过低,就说明销售中有问题,应及时检查,堵塞和纠正销售过程中的差错。

零杯销售的酒水关键在于平时严格控制。酒吧日常的销售控制可以通过酒吧酒水盘存表(表10-6)来完成。酒水盘点表实际上又称为每日销售控制表,要求每个班次当班调酒员逐项核对填写,管理人员必须经常检查盘点表的填写数量是否与实际贮存量相符,如有出入,应及时检查,发现问题,解决问题。

表10-6 酒吧酒水盘存表

编号	品名	早班					晚班						备注
		基数	调进	调出	售出	实际盘存	基数	领进	调进	调出	售出	实际盘存	

此外,每瓶酒的标准份额也必须事先确定,并作为培训内容之一,让酒吧员工知道。表10-7为常用酒品的标准份额表,仅供参考。

表10-7 瓶装酒标准份额表

名称	容量(毫升)	标准分量(盎司)	实际可售份数
苏格兰威士忌	750	1	24
皇家礼炮	700	1	22
波旁威士忌	750	1	24
加拿大威士忌	750	1	24
金酒	750	1	24
朗姆酒	750	1	24
伏特加	750	1	24
干邑	700	1	22
阿玛涅克	700	1	22
味美思	1000	1.5	22
雪利酒、波特酒	750	1.5	16

(二)整瓶销售

整瓶销售是指酒水以瓶为单位对外销售。整瓶销售在酒吧不常见,主要在中西餐厅、宴会中较多。

一般的进口洋酒整瓶销售时价格要低于零杯销售价,很多饭店为了鼓励客人消费,整瓶洋酒往往以零杯销售20份的价格售出。还以人头马VSOP为例,假设每份售价为20元,那么,整瓶酒的售价即为400元。也有一些饭店另外制定整瓶酒的售价,但不管以何种方式定价,整瓶酒售价都要比零杯销售价低10%~20%。为了防止调酒员和收款员联合作弊,对整瓶售出的酒可以用整瓶酒水销售日报表进行控制。该表一式两份,每日由酒吧填写,并交主管签字后一联交财务部,一联由酒吧留存。

此外,在中餐厅,国产名酒销量较大,而且绝大多数国产名酒不零杯销售,因此,这一类的酒可以通过每日盘点表进行控制,而不必填写整瓶酒水销售日报表。同样,瓶装、听装的啤酒、饮料也只需用每日盘点进行控制。

(三)混合销售

混合销售又称为配制销售,主要是对各种混合饮料和鸡尾酒的销售控制。

鸡尾酒在酒吧的销量很大,而且使用的酒水品种较多,因此,混合销售的主要控制方法是依据标准酒谱进行还原核算。计算公式为:

某种酒水实际消耗量=标准配方中该酒水用量×实际销售量

以"干马提尼"为例,其配方是:金酒2盎司,干味美思1/2盎司。假设某一时期共销售干马提尼150杯,那么根据标准配方可算出金酒的实际用量为:2(盎司)×150(杯)=300(盎司)。

每瓶金酒为25盎司,所以实际耗用瓶数为:300(盎司)÷25(盎司/瓶)=12(瓶)

由此可见,混合销售也完全可以将调制的饮料分解还原成各种酒水的整瓶耗用量计算。

酒吧对混合销售饮料的控制比较复杂,首先必须建立起标准配方,并督促员工严格按配方调配鸡尾酒,然后通过鸡尾酒销售日报表进行控制。使用的各类酒品按照还原法将实际用量填写到酒水盘点表上,管理人员可以将两表中酒品的用量相核对,并与实际贮存数进行比较,检查是否有遗失。

鸡尾酒销售日报表一式两份,由当班调酒员填写,部门主管签字后一份送财务部,一份酒吧留存备查。

此外,国内很多饭店内部有几个酒吧,而且每个酒吧都进行独立核算,在日常运转中难免有临时缺货现象,在这种情况下,为了减少盘点和核算上出现差错,任何酒水调拨都必须通过正常渠道进行,即填写酒吧内部调拨单。酒吧内部调拨单(表10-8)一式三联,第一联由调进酒吧留存,第二联交财务部,第三联由调出酒品的酒吧留存。每一笔调拨都应在盘点表上登记,以便检查。

表10-8 酒吧内部调拨单

由________酒吧 至________酒吧 日期________

编号	品种	规格	数量	单价	金额

制表人________ 发放人________ 部门主管________

总之,酒水的控制工作有一定的难度。但是,只要管理者认真对待,悉心钻研,酒吧管理工作是一定能做好的。一方面,管理人员必须对酒水知识有深入的了解,另一方面还应具备一定的管理经验,同时,经常注意做好员工的思想政治工作,制定和建立一整套完整的管理和操作标准,并通过各种表格的正确使用,达到控制酒水成本,提高经济效益的目的。

二、酒水推销

酒水的推销活动往往是和菜肴推销紧密相连的,任何一次餐饮推销活动都离不开酒水的配合。餐饮推销的过程是餐厅与顾客之间信息传递和信息交流的过程,也是为了让顾客更好地了解餐厅,吸引更多顾客前来消费,从而达到提高经济效益的过程。

作为餐饮推销重要组成部分的酒水推销,其目的也是为了最大限度地满足客人的需求,因此,推销活动必须进行周密的组织安排。首先,要明确推销的目的;其次,要确定销售内容并决定推销形式。

(一)推销形式

酒水推销活动一方面可以配合食品的推销做一些销售工作,另一方面酒吧也可以自行结合酒吧的销售特点举行一些富有特色的推销活动。酒水的推销主要分外部推销和内部推销两种形式。

1.外部推销

外部推销的目的是为了进一步树立酒吧的良好形象,扩大和提高知名度。主要的推销形式有访问推销、电话推销和广告推销等。

(1)访问推销　访问推销是销售人员拜访客户,当面向客人介绍推销内容的一种推销形式。这种推销形式要求销售人员有较高的语言沟通和推销艺术,但同时也有利于销售人员与顾客建立良好的人际关系,并取得顾客的信赖。因此,访问推销虽然成本费用较高,但成功的机会很大。

(2)电话推销　电话推销是指饭店销售人员用电话与客人联系和销售或者由客人主动打电话给饭店预订。电话推销要求销售人员语言诚恳、礼貌、简洁、清楚,推销产品和服务时应力求精确,重点突出,对客人的要求要做记录。电话推销不像访问推销那样直接接触客人,因此,电话推销一般只适合于经常光顾和比较熟悉的客人。

(3)广告推销　广告推销是销售活动的主要推销方式,它通过报纸杂志、广播电视等宣传媒介把有关的推销信息传递给顾客,直接或间接地促进产品和服务的销售。选择不同的广告宣传媒介,对推销活动的成败至关重要。广告推销的主要形式有报纸广告、杂志广告、电台广告、电视广告、邮寄广告等。网络销售也是目前比较流行的一种销售方式。

报纸广告:报纸广告是目前饭店推销活动中常用的一种广告形式,因为报纸的时间性强,消息传递迅速,便于保存,特别是凭广告享受优惠消费,最易被客人采用,而且报纸广告费用较低。

电台广告:电台广告主要是选择地方性电台,针对本地消费者进行宣传推广。电台广告虽无可读性,但可以针对不同的消费者,在不同档次的节目中频繁播出,加深客人的印象,引起客人的消费欲。此外,电台广告可以以主持者采访或对话形式,将推销活动推出,令人倍感亲切。

电视广告:电视广告的宣传具有传播范围广,表现手段丰富多彩,并具有很强的吸引力等特点,融画面、音响、文字于一体,生动活泼,但其宣传费用高,无法长时间保留。

邮寄广告:邮寄广告是针对不同的消费对象将宣传品直接邮寄给客人的一种形式,这种方式针对性较强,且能使客人感到亲切,竞争少,灵活性强,易于收效。

无论采取何种宣传形式,都必须做好充分的准备,有针对性地策划推销活动,确保以较少的花费,取得较好的效果。

(4)其他形式 外部推销除了上述主要形式外,还有户外广告牌、橱窗、公共用具等推销形式。

户外广告牌推销,主要适用于长期的推销活动,在车站、机场、主要风景点等处以醒目的广告牌向客人传递销售信息,以达到吸引客人的目的。

橱窗推销,是指利用展窗、展柜等向客人展示推销的产品,通过酒品迷人的色彩,引起客人的消费欲望。

公共用具推销,主要是指酒水推销活动期间使用的一些杯具、台卡、火柴、杯垫等,印上明显的销售标志,或特别制作一些类似的宣传品,印上酒吧名称、联系电话等,让客人带走,做免费广告。

2.内部推销

外部促销活动的目的是为了招徕客人,内部推销则是为了让光顾的客人满意,从而吸引他们再次光顾。因此,内部推销也是不容忽视的重要方面。内部推销包括酒吧环境、服务等几个方面。

首先,推销活动期间,酒吧必须给客人提供一个十分清洁舒适的内外环境,酒吧的布置必须主题突出,有条不紊,做到环境幽雅,气氛和谐,各种摆设井然有序,切不可杂乱无章。

其次,服务员必须端正服务态度,增强服务意识,对所推销酒品有充分的了解,并热情为客人介绍、推荐。搞好饮料推销要注意以下几点:

(1)服务员、调酒员应当确切地知道餐厅、酒吧必须销售的饮料品种。

(2)服务员、调酒员应相当熟悉所供应的饮料的特点、口味,并能向顾客进行推销。

(3)餐厅服务员必须知道各式菜肴搭配什么酒水。

(4)酒品出售后,服务员应当知道如何向顾客展示、开瓶和服务。

(5)服务员、调酒员应根据客人的喜好恰当地向客人推荐酒品,而不应强制销售。

(二)推销活动

酒吧酒水推销活动多种多样,除适当配合餐厅菜肴推销外,可以经常举办一些酒水促销活动。常见的有专题活动促销、调酒示范表演、优惠价格促销等。

1.专题活动推销

酒吧结合各种活动、节日等可以搞一些专题推销活动,如专场服装表演会、音乐会、舞会等,在活动期间加强酒水的销售。此外,酒吧可以配合各种食品节进行酒水推销,如根据食品节的内容和特点推销独具特色的鸡尾酒;西餐、烧烤、海鲜食品节可以推销各色葡萄酒等。

2.调酒示范表演

酒吧研制出新品种鸡尾酒,可以举行调酒示范表演会,由调酒员现场操作表演,一方面可以锻炼调酒员,提高调酒员的业务水平,另一方面提高酒吧知名度,吸引更多的客人。

3.优惠价格推销

酒吧可以通过价格的变化机会来吸引客人。例如,利用淡季客人少的情况,以优惠价格举行酒水推销活动。还可以利用每天下午4点至6点这段营业空间,采用“快乐时光”

（Happy Hour）的优惠价格形式吸引客人。快乐时光常采用的办法是买一送一，即买一份酒水赠送一份同样的酒水。

此外，还可以根据饭店客源及所处城市特点，对常住客人和驻华外商组织"酒瓶俱乐部"，以优惠价格向经常光顾酒吧的客人提供整瓶酒水，并为客人代为保管酒瓶，向俱乐部成员提供一切优惠条件，以吸引更多的客人光顾酒吧。

本章小结

无论是酒水采购、验收、贮存、发放，还是酒水的销售，都必须制定相应的管理标准，采取相应的管理措施，使酒水的成本得到有效的控制。酒水的销售方法不同，其控制方法也有所不同，只有借助各种管理表格和相应的管理措施才能有效地实施酒水的管理和控制，减少不必要的流失和浪费。

思考与练习

1.酒吧酒水流程管理包括哪些环节？
2.酒水验收应遵循哪些原则？
3.酒吧标准化管理的内容是什么？
4.标准酒谱的内容和作用是什么？
5.酒水销售的控制方式有哪些？
6.简述酒水销售的方式及控制方法。
7.常见的酒吧推销方式和推销活动有哪些？
8.学会正确使用酒吧管理的各种表格。

后　记

近几年来，国家对旅游中等职业教育工作越来越重视，职业教育的水平也有了极大的提高。为了进一步完善旅游中等职业教育的教材建设，满足旅游中等职业教育的需要，国家旅游局人事劳动教育司组织编写了这套全国旅游中等职业教育教材。

编者根据旅游教育出版社的编写模块要求，本着理论知识够用为主，强调操作标准、操作技巧，尽量吸收世界最新最好的做法，注意增加新内容、新信息的基本原则，结合目前旅游中等职业教育的特点，并考虑酒吧运作的实际状况，采用通俗易懂的语言，系统介绍了酒水的基本知识，酒吧服务的规范、标准和相关技能技巧，旨在让学生轻松了解系统的酒水知识的同时，也能对行业的发展现状和前景有一个基本的认识。

本书由南京旅游职业学院匡家庆、樊平、周延文老师编写。周延文负责第一、第六、第七、第八、第九章的编写，樊平负责第二、第四章的编写，匡家庆负责第三、第五、第十章的编写，全书最后由匡家庆负责统稿。

本书在编写过程中参阅了大量国内外的资料和相关的书籍、教材，在此对原作者表示感谢。

编　者